2018年海南省槟榔病虫害重大科技计划项目
（ZDKJ201817）系列丛书

◎ 覃伟权　总编著

主要病虫害原色图谱

◎ 唐庆华　宋薇薇　黄　惜　万迎朗　编著

中国农业科学技术出版社

图书在版编目（CIP）数据

槟榔主要病虫害原色图谱 / 唐庆华等编著. --北京：中国农业科学技术出版社，2021.10（2024.10重印）

ISBN 978-7-5116-5474-8

Ⅰ.①槟…　Ⅱ.①唐…　Ⅲ.①槟榔-病虫害防治-图谱　Ⅳ.①S436.67-64

中国版本图书馆CIP数据核字（2021）第177537号

责任编辑　王惟萍
责任校对　贾海霞
责任印制　姜义伟　王思文

出 版 者　中国农业科学技术出版社
　　　　　北京市中关村南大街12号　　邮编：100081
电　　话　（010）82106643（编辑室）（010）82109702（发行部）
　　　　　（010）82109709（读者服务部）
传　　真　（010）82106643
网　　址　http: // www.castp.cn
经 销 者　各地新华书店
印 刷 者　北京捷迅佳彩印刷有限公司
开　　本　170 mm×240 mm　1/16
印　　张　12.5
字　　数　246千字
版　　次　2021年10月第1版　　2024年10月第2次印刷
定　　价　128.00元

《槟榔主要病虫害原色图谱》

编 委 会

主 编 著： 唐庆华　宋薇薇　黄　惜　万迎朗

副主编著： 孟秀利　翟金玲　朱　辉　黄山春　马光昌　王红星　李　佳

编写人员：（按姓氏拼音排序）

崔红光　龚　治　黄　惜　黄山春　李　佳　李朝绪　李开绵　李增平　林兆威　刘　博　刘　柱　刘华伟　刘立云　刘双龙　刘文波　龙剑坤　卢穗蕊　马光昌　孟秀利　牛晓庆　沈文涛　施海涛　宋薇薇　覃伟权　唐庆华　万迎朗　王红星　王晔楠　吴　元　谢昌平　谢圣华　杨德洁　于少帅　余凤玉　翟金玲　郑　丽　朱　辉

本书得到以下项目及平台资助和支持

基 金 项 目

◎ 2018年海南省重大科技计划项目“槟榔黄化灾害防控及生态高效技术研究与示范”（ZDKJ201817）

◎ 中国热带农业科学院槟榔产业技术创新团队项目（1630152017013～1630152017018）

◎ 海南省地方标准“槟榔黄化症综合防控技术规程”

◎ 海南省自然科学基金高层次人才项目“海南省植原体寄主及其相关株系多位点系统发育研究”（320RC743）

◎ 海南省自然科学基金“内生菌对槟榔黄化病发生危害的影响”（314144）

◎ 海南省高等学校科学研究项目“海南槟榔炭疽病症状类型及发病规律研究”（Hnky2020-14）

◎ 中国热带农业科学院院本级业务费项目“万宁市槟榔黄化病发生危害情况调研”（1630012020015）

◎ 中国热带农业科学院椰子研究所所基金“槟榔病虫害监测与防治”

◎ 保亭黎族苗族自治县委人才发展局项目“保亭黎族苗族自治县扶贫点槟榔科技扶贫”

科 研 平 台

◎ 海南生物资源可持续利用重点实验室（省部共建培育基地）

◎ 海南省院士团队创新中心平台“槟榔黄化病综合防控”

◎ 海南省院士团队创新中心平台“棕榈植物病害发生规律与生态调控研究”

◎ 海南省槟榔产业工程研究中心

◎ 中国热带农业科学院槟榔研究中心

前　言

槟榔（*Areca catechu* L.）属棕榈科多年生常绿乔木，主要分布于亚洲、非洲、欧洲和中美洲的热带及亚热带边缘地区，印度、中国和印度尼西亚等为主要种植国。槟榔是一种典型的热带经济作物，是海南省重点发展的“三棵树”（槟榔、椰子、橡胶）之一。

槟榔在中国和印度等主要种植国的经济地位非常重要，可以用“小槟榔、大产业”描述。在印度，槟榔是一种重要的大宗经济作物，大约有1 000万人口从事与槟榔相关的产业，并且大部分人主要依靠槟榔为生。2007年，该国收获面积为39.68万hm^2，占当年世界槟榔总收获面积的49%。当年，印度槟榔产量为55.92万t，约占2007年世界槟榔产量的58%。在中国，海南省槟榔种植面积和总产量均占全国种植面积和总产量的95%以上。截至2011年底，海南省槟榔产值已超过30亿元。2015年底，槟榔产值已超越天然橡胶，跃居为海南省第一大支柱产业。根据海南省统计局《海南统计年鉴2019》数据，截至2019年，全省种植面积超过12.4万hm^2；根据我们的调研数据，2018年槟榔产值达287.3亿元。目前，槟榔已成为海南省中东部地区230多万农民（约占全省常住总人口的1/4）的主要收入来源之一，在海南“精准扶贫”战略实施中起着重要作用。

槟榔是世界著名的三大口腔嗜物（槟榔、香烟、口香糖）之一，全世界有超过10亿槟榔咀嚼者。槟榔还是一种重要的南药植物，位列四大南药（槟榔、益智、砂仁、巴戟）之首，有驱虫、消积、行气、利尿等功效。槟榔还可用于制作保健饮料、营养食品。此外，槟榔还被用于多种社会宗教仪式。

近年来，由于槟榔价格持续攀高（2020年槟榔鲜果价格超过40元/kg，创历史新高），导致种植面积逐渐扩大，除了传统中东部槟榔主产区槟榔种植面积持续扩大外（如文昌市2015年槟榔面积为0.33万hm^2，2020年面积超过0.53万hm^2，增幅约60%），西部传统上种植橡胶、椰子、木薯等作物的市县也在大力发展槟榔产业（如白沙县牙叉镇九架村现已发展种植槟榔面积超过0.13万hm^2）。

然而，伴随着槟榔种植面积的扩大、价格持续攀升以及近年来除草剂施用等因素影响，生产中以“罪魁祸首”槟榔黄化病或槟榔黄叶病毒病、椰心叶甲引起的“黄化灾害”问题日趋严重，已成为制约海南省槟榔产业健康发展的最大瓶颈。同时，我们调查时发现生产中引起槟榔叶片变黄的其他因素很多，尤其是红脉穗螟、细菌性叶斑病、根腐病、坏死环斑病毒病、坏死梭斑病毒病等重要或次要病虫害的发生为害，造成槟榔黄化情况不断加重、面积不断扩大，现已不能简单地归结为槟榔黄化病一个单一的、简单的槟榔黄化病问题，而是一个对病原或病因尚具有争议的、多种病虫、生理性因素以及与气候等交织的复杂的问题，已成为一种“灾害”，引起了海南省政府以及社会各界的普遍关注。

槟榔黄化问题的研究和有效治理牵系着整个槟榔产业的发展以及数以百万计农民的增收。鉴于槟榔在海南经济社会发展及农民增收致富中的重要地位以及生产中槟榔黄化原因复杂、病虫害多发重发等瓶颈问题，本项目组通过系统调研、专家研讨等撰写了《海南槟榔产业可持续发展建议书》等报告，报告提交海南省科学技术厅、海南省委省政府，得到海南省委书记（时任海南省省长）沈晓明同志“科研经费要用在刀刃上，我认为这就是‘刀刃’”的肯定性批示。围绕项目“2018年海南槟榔病虫害重大科技计划项目”指南，历经数个月的不懈努力，项目“槟榔黄化灾害防控及生态高效栽培技术研究与示范”（ZDKJ201817）终于在2018年9月30日正式立项。立项后，课题一“槟榔黄化因子及致害机理研究”团队紧密围绕任务书针对海南槟榔致害因子多样，生理性与病理性黄化并存且症状类似、难以区分的难题开展研究，取得了一系列进展和突破。

第一，在病理性黄化因子（或致黄关键病害）方面，发现除了印度和中国传统上发现及报道的由植原体引起的槟榔生产上最具毁灭性的病害——槟榔黄化病外，槟榔黄叶病毒病也是引起海南省大面积槟榔黄化的一种病害。“槟榔黄化病”病原的进一步明确为今后防控技术研究奠定了基础。同时我们还鉴定了引起槟榔叶片局部黄化的（病斑四周产生黄色晕圈）槟榔坏死环斑病毒病、槟榔梭斑病毒病，对同样病斑四周产生黄色晕圈的炭疽病菌进行了进一步种类鉴定。此外，项目团队还发现了5种槟榔新病害。

第二，在主要害虫方面，我们对引起三亚、陵水、万宁、琼海、文昌沿线槟榔大面积受害、连片枯黄的椰心叶甲进行了持续监测，并对槟榔园害虫进行了系统调查，对潜在的传播槟榔黄化病或槟榔黄叶病毒病的媒介昆虫进行了研究，目前2种“黄化病”的媒介昆虫研究已有突破性进展。对媒介昆虫的研究将有助于丰富2种槟榔黄化相关病害（槟榔黄化病和槟榔黄叶病毒）的综合控制策略和技术措施。

第三，在生理性黄化和药害方面，我们通过盆栽实验、田间调查等证实缺氮、缺铁、缺锌、干旱、寒害等也会引起槟榔叶片变黄。这些生理性、气候等引起的槟榔黄化多连片发生，通常通过病因分析就可以在症状表现上与侵染性病害引起的槟榔黄化病、槟榔黄叶病毒病、叶斑类病害、根腐类病害进行区分。

第四，我们针对致黄关键病害槟榔黄化病、槟榔黄叶病毒病及种苗、媒介昆虫编写了检测和监测技术规程，针对槟榔坏死环斑病毒病、槟榔坏死梭斑病毒编写了检测技术规程；针对椰心叶甲编写了监测技术规程。最重要的是我们根据近20年来的研究进展、防控实践编写并发布了《槟榔黄化病防控明白纸》，为海南省系统开展槟榔黄化病和槟榔黄叶病毒病的统防统控提供了依据。

本书根据我们近年来的研究，尤其是承担海南省重大项目以来的研究结果，同时参考了前人发表的文献等资料编著而成，并将文献资料中的术语进行了规范化处理。本书共计246千字，其中有112.5千字内容是在海南省重大项目执行过程中完成，属于创新性成果，如本书中槟榔黄叶病毒病、技术规程规范等内容。本书引用文献的作者或从事槟榔相关工作的农技人员为我们提供了原始照片，在此一并表示衷心感谢。本书实用性较强，可供科研院所、高校等从事“槟榔黄化病”研究的科研人员参考，也可供农业技术推广部门的技术及种植户人员使用，从中得到病虫害诊断方面有价值的信息。

本书由20余名植物病理学、昆虫学、营养学与栽培学方面的团队成员，多名专家学者及一线农技人员积极参与撰写、统稿工作，并提供了相关资料、照片，在此表示衷心感谢。由于时间仓促以及编者水平有限，书中内容难免会出现疏漏，恳请广大读者给予批评指正。

海南省重大科技计划项目“槟榔黄化灾害防控及生态高效栽培技术研究与示范”（ZDKJ201817）的立项和顺利执行离不开各级领导的关心、关注及支持，海南省委书记沈晓明、原海南省科学技术厅厅长史贻云、中国热带农业科学院院长王庆煌等领导多次组织座谈会、现场会等推动项目进行；万宁市委书记贺敬平、副市长陈月花等领导也提供了帮助，在此表示衷心感谢。

编著者：唐庆华　宋薇薇　黄　惜　万迎朗

2021 年 3 月 12 日

目　录

第一章　槟榔主要病害 …… 001

第一节　槟榔黄化病 …… 004

第二节　槟榔黄叶病毒病 …… 011

第三节　槟榔坏死环斑病毒病 …… 013

第四节　槟榔坏死梭斑病毒病 …… 015

第五节　槟榔炭疽病 …… 017

第六节　槟榔细菌性条斑病 …… 020

第七节　槟榔细菌性叶斑病 …… 023

第八节　槟榔根腐病 …… 026

第九节　槟榔泻血病 …… 029

第十节　槟榔果腐病 …… 033

第十一节　槟榔芽腐病 …… 035

第十二节　槟榔拟茎点霉叶斑病 …… 037

第十三节　槟榔弯孢霉叶斑病 …… 038

第十四节　槟榔鞘腐病 …… 040

第十五节　槟榔裂褶菌茎腐病 …… 042

第十六节　槟榔藻斑病 …… 044

第十七节　槟榔煤烟病 …… 046

第十八节　槟榔次要或不常见病害 …… 048

第二章 槟榔主要害虫 …… 052

第一节 椰心叶甲 …… 055
第二节 红脉穗螟 …… 059
第三节 甘蔗斑袖蜡蝉 …… 062
第四节 黑刺粉虱 …… 065
第五节 双钩巢粉虱 …… 067
第六节 螺旋粉虱 …… 070
第七节 柑橘棘粉蚧 …… 073
第八节 考氏白盾蚧 …… 075
第九节 银毛吹绵蚧 …… 077
第十节 椰园蚧 …… 079
第十一节 矢尖蚧 …… 082
第十二节 双条拂粉蚧 …… 084
第十三节 椰子坚蚜 …… 086
第十四节 红棕象甲 …… 088
第十五节 椰花四星象甲 …… 091
第十六节 香蕉冠网蝽 …… 094

第三章 槟榔生理性黄化及药害 …… 096

第一节 氮素缺乏 …… 097
第二节 缺铁与缺锌 …… 099
第三节 干旱 …… 100
第四节 涝害 …… 102
第五节 日灼 …… 103
第六节 寒害 …… 104
第七节 肥害 …… 107
第八节 花穗回枯病和除草剂药害 …… 108

附录 …… 112

附录1 基于巢式PCR的槟榔黄化病病原检测技术规程 …… 113
附录2 槟榔黄化病监测技术规范 …… 123
附录3 槟榔黄化病媒介昆虫检测技术规程 …… 130
附录4 槟榔黄化病防控明白纸 …… 134
附录5 槟榔种苗APV1病毒快速检测技术规范 …… 141
附录6 槟榔黄叶病毒病监测分级标准 …… 145
附录7 槟榔坏死环斑病毒反转录环介导恒温扩增技术检测技术规程 … 148
附录8 槟榔坏死梭斑病毒反转录环介导恒温扩增技术检测技术规程 … 152
附录9 槟榔园内椰心叶甲调查监测技术规程 …… 158
附录10 槟榔园内红脉穗螟调查监测技术规程 …… 164
附录11 槟榔苗圃标准化管理和健康种苗育苗规程 …… 173
附录12 植原体分类系统 …… 178

致谢 …… 185

第一章 槟榔主要病害

目前，海南省槟榔产业健康发展中最大的瓶颈是病害问题。近年来，随着槟榔价格持续攀高、种植面积不断扩大，生产中以槟榔黄化病或槟榔黄叶病毒病为首的“黄化灾害”日趋严重，这引起了海南省委省政府和市县各级政府的高度重视。

据统计，在槟榔上共有40多种病害（包括真菌及原核生物引起的病害和生理性病害等）。目前，海南省有记录的病害有30余种。其中，重要病害有槟榔黄化病、槟榔黄叶病毒病、槟榔坏死环斑病毒病、槟榔坏死梭斑病毒病、槟榔炭疽病、槟榔细菌性条斑病、槟榔细菌性叶斑病、槟榔根腐病等。本书共收录槟榔主要病害、次要或不常见病害共计26种（生理性病害在第三章进行介绍）。其中，致黄关键病害有7种，分别为黄化病、黄叶病毒病、坏死环斑病毒病、坏死梭斑病毒病、细菌性叶斑病、炭疽病和根腐病（包括红根病、褐根病和黑纹根病3种根部病害）等（表1.1）。致死性病害有槟榔黄化病、槟榔黄叶病毒病、根腐病和芽腐病。7种病害引起槟榔大面积黄化、叶片局部出现具有黄色晕圈的病斑或造成树冠下层叶片变黄、枯死乃至植株死亡。笔者于2020年9—12月对海南万宁、琼海等16个市县进行了系统调查，结果显示16个市县均有槟榔黄化情况发生，检测结果显示槟榔黄化病和/或槟榔黄叶病毒病在14个市县均有发生，严重威胁槟榔产业的健康发展。

表1.1　槟榔致黄关键病害种类及特征

序号	病害名称	病原菌	发生频率	分布	为害特征	防控难度
1	黄化病	槟榔黄化植原体	常年发生	国外有印度和斯里兰卡。海南分布非常广泛，13个市县，除三沙、东方、昌江、白沙、儋州、临高外其他市县均有分布	造成大面积黄化。海南发病率10%～30%，造成减产70%～80%，严重者完全绝产	非常难
2	黄叶病毒病	槟榔黄叶病毒1（槟榔隐症病毒1）	常年发生	仅中国海南有报道，分布非常广泛，14个市县，除三沙、东方、昌江、白沙、临高外，其他市县均有分布	造成大面积黄化，初步调查结果显示该病引起的黄化面积超过槟榔黄化病，造成槟榔产量显著下降、绝收，甚至植株死亡	非常难
3	坏死环斑病毒病	槟榔坏死环斑病毒	常年发生	三亚、乐东、定安、琼海、琼中、万宁、保亭、陵水	叶片局部出现或整叶布满具黄色晕圈的病斑。部分发病区发病率高达46%，严重影响槟榔生产	尚不清楚
4	坏死梭斑病毒病	槟榔坏死梭斑病毒	常年发生	保亭等市县	叶片局部或连片带有黄色晕圈的病斑，严重影响槟榔生产	尚不清楚
5	细菌性叶斑病[①]	*Robbsia andropogonis*	常年发生，但多在台风季节暴发	三亚、陵水、万宁、琼海、文昌、澄迈等市县	叶片局部或连片出现具黄色晕圈的病斑，重病区发病率可达100%，严重影响槟榔生产	较容易
6	炭疽病	多种炭疽菌	常年发生，琼中等地发生较广泛	各市县均有发生，但琼中、万宁、陵水等局部山区分布较广、为害较重	叶片局部或整株叶片布满带有黄色晕圈的病斑。重病区发病率可达100%，造成落花、落果，甚至整株枯死	较容易
7	根腐病	灵芝菌、有害木层孔菌、碳焦菌、镰刀菌	具有季节性或高温高湿条件易发生	三亚、万宁、琼海、屯昌等市县	造成外围叶片首先变黄枯死、垂挂于树干上，严重者整株变黄甚至死亡	较难，因病原而异

① 文献记录中20世纪80—90年代海南槟榔细菌性条斑病发生较重，但近10年调查并未分离到该病的病原菌，还有待进一步调查。

参考文献

丁晓军，唐庆华，严静，等，2014. 中国槟榔产业中的病虫害现状及面临的主要问题[J]. 中国农学通报，30（7）：246-253.

李增平，罗大全，2007. 槟榔病虫害田间诊断图谱[M]. 北京：中国农业出版社：1-62.

李增平，郑服丛，2015. 热带植物病理学[M]. 北京：中国农业出版社：152-183.

莫景瑜，符永刚，郑奋，等，2008. 文昌市槟榔主要病虫害的发生危害与防治[J]. 南方农业，12（31）：30-31，40.

覃伟权，范海阔，2010. 槟榔[M]. 北京：中国农业大学出版社：83-97.

覃伟权，唐庆华，2015. 槟榔黄化病[M]. 北京：中国农业出版社：1-3.

覃伟权，朱辉，2011. 棕榈科植物病虫鼠害的鉴定及防治[M]. 北京：中国农业出版社：26-48.

朱辉，余凤玉，覃伟权，等，2009. 海南省槟榔主要病害调查研究[J]. 江西农业学报，21（10）：81-85，89.

BALASIMHA D，RAJAGOPAL V，2004. Arecanut[M]. Mangalore：Karavali Colour Cartons Ltd.

TANG Q H，YU F Y，ZHANG S Q，et al.，2013. First report of *Burkholderia andropogonis* causing bacterial leaf spot of betel palm in Hainan Province，China[J]. Plant Disease，97（12）：1654.

WANG H，XU L，ZHANG Z，et al.，2018. First report of *Curvularia pseudobrachyspora causing* leaf spots in *Areca catechu* in China[J]. Plant Disease，103（1）：150.

WANG H，ZHAO R，ZHANG H，et al.，2020. Prevalence of yellow leaf disease（YLD）and its associated *Areca palm velarivirus* 1（APV1）in betel palm（*Areca catechu*）plantations in Hainan，China[J]. Plant Disease，104（10）：2556-2562.

YANG K，RAN M Y，LI Y，et al.，2019. Areca palm necrotic ringspot virus，classified within a recently proposed genus *Arepavirus* of the family *Potyviridae*，is associated with necrotic ringspot disease in areca palm[J]. Phytopathology，109（5）：887-894.

YANG K，RAN M Y，LI Z P，et al.，2018. Analysis of the complete genomic sequence of a novel virus，areca palm necrotic spindle-spot virus，reveals the existence of a new genus in the family Potyviridae[J]. Archives of Virology，163（12）：3471-3475.

ZHANG H，WEI Y X，SHI H T，2020. First report of anthracnose caused by *Colletotrichum kahawae* subsp. *ciggaro* on areca in China[J]. Plant Disease，6（104）：1871-1872.

（唐庆华、宋薇薇、黄惜）

第一节　槟榔黄化病

一、分布与为害

槟榔黄化病（Yellow leaf disease，YLD）是一种毁灭性病害，被称为槟榔上的“癌症”“艾滋病”“新冠肺炎”“叶瘟”。该病在印度、中国等部分槟榔产区为害蔓延，已造成巨大的经济损失。

在印度，Varghese在其著作《椰子病害》中最早对槟榔黄化病进行了描述。1914年，印度Karala邦Ernakualm地区的Muvattupuzha、中部的Maharashtra州、Tamil Nadu州以及Karnataka的部分地区首次发现该病害。1949年，Karala邦中部几个地区发生YLD，到20世纪60年代，该病已经遍及整个Karala邦。1987年，该病在Sullia和Dakshina Kannada地区流行，发病3年后产量降低了50%。目前，该病已扩展至印度其他槟榔种植区，给印度槟榔产业造成了巨大损失。

在中国，该病于1981年在海南省屯昌县首次发现，发病面积约100亩①。2020年，我们对全省16个市县进行了系统调查和病原检测，结果显示该病已蔓延至琼海、万宁、陵水、三亚、五指山、琼中、保亭、乐东和儋州等12个市县，面积达到17.38万亩，占16个市县槟榔种植面积（16市县槟榔种植面积190.92万亩；其中，万宁市面积依据2015年海南省地质调查院测量数据，其他市县数据引自《海南统计年鉴2019》）的9.10%。调查发现，该病在东方市、澄迈县等西部非槟榔主产区呈扩散的趋势。YLD通常发病率为10%～30%，重病区高达90%左右，造成减产70%～80%，严重者完全绝产。迄今，生产上已有大面积染病槟榔遭砍伐。值得借鉴的是，为了保护当地的槟榔产业，部分市

---

① 1亩≈667 m^2，15亩=1hm^2，全书同。

县采取了各种控病措施，如三亚市政府2009年专门拨款150万元用于槟榔黄化病病株的铲除工作，给予农民每株50元的补贴经费。迄今，槟榔黄化病尚无有效药剂。因此，在此背景条件下，砍除病株、防止其继续扩散蔓延成为槟榔黄化病防控中一项重要措施。

槟榔黄化病已成为中国（海南省）槟榔生产上的头号威胁，严重制约着槟榔产业的可持续、健康发展。该病具有以下特点。

1. 系统性

该病病原为植原体（Phytoplasma），在染病植株内系统存在，但分布不均。

2. 传染性

可通过种苗进行远距离传播，近距离可通过媒介昆虫［印度槟榔黄化病媒介昆虫为*Proutista moesta*（Westwood）］进行传播。在中国海南省，其传播的一个特点是南北方向扩散速度快于东西方向。

3. 缓慢性

该病可导致槟榔产量缓慢降低直至绝产；从开始表现症状到植株死亡通常需要5～7年时间。调查结果显示弃管的染病槟榔存活年限更长。

4. 毁灭性

该病是槟榔生产上的一种极具毁灭性的传染性病害。迄今，尚无有效防治手段。在万宁等疫区，染病槟榔逐渐失去经济价值，自然死亡或被砍伐。

二、田间症状

由于印度和中国在气候、自然环境、病原等方面存在较大差异，两国的槟榔黄化病症状表现亦具有一定差异。

在印度，该病发病初期的箭叶（即心叶）上出现直径为1～2 mm的半透明斑点，在未展开的叶片上产生与叶脉平行的褐色坏死条纹；叶片自叶尖开始黄化，并逐渐扩展到整叶，黄化部分与正常绿色组织的界限明显，在叶脉部位有清晰的绿色带；感病叶片短小、变硬，呈束状，叶片皱缩，最后完全脱落；节间缩短，树干缩小，花序停止发育；病树茎干松脆，输导组织变黑碎裂，侧根少，根尖褐色并逐渐腐烂；果实开始脱落，核仁褪色，不宜食用。

中国槟榔黄化病与印度槟榔黄化病症状非常相似，先前国内学者将中国槟榔黄化病划分为黄化型和束顶型2种症状类型。根据多年田间症状观察，我们认为束顶症状为槟榔黄化病发展到后期的症状。黄化病发病初期，植株下层倒数第2或第3片叶叶尖部分首先出现黄化（图1.1、图1.2），花穗短小。植株黄化后2～3年内产量大幅下降，后期无法结果或结有少量变黑的果实但不能食用，常提前脱落。随后黄化症状逐年加重，逐步发展到整株叶片黄化，干旱季节黄化症状更为明显。部分黄化植株腋芽水渍状，暗黑色，基部有浅褐色夹心。随着病害进一步发展，病株树冠顶部叶片明显变小，萎缩呈束顶状，节间缩短，花穗枯萎不能结果。大部分感病株从表现黄化症状到枯顶死亡需5～7年。

生产中，槟榔黄化病与槟榔隐症病毒病引起的黄化症状非常相似，田间诊断非常困难。槟榔黄化病与槟榔隐症病毒病的症状区别主要表现在2个方面：①槟榔黄化病多从羽状复叶前端部分小叶的叶尖开始变黄，部分变为橙黄色（图1.1～图1.3），随着病情的发展黄化症状沿与小叶脉平行的叶肉组织逐渐向主叶脉扩展，初期小叶脉保持绿色，表现为不均匀黄化（图1.3、图1.4）；但随着病情发展，表现黄化的小叶逐渐增多至全部小叶黄化，黄化叶片逐渐向上层扩展，小叶脉从前端逐渐向后端变黄。少数情况下，羽状复叶主叶脉前段黄化后，黄化症状从基部沿着与叶脉平行的方向向叶尖扩展（图1.5）；②染病植株花苞的腋芽呈现水渍状坏死，呈浅褐色（图1.6、图1.7）。

此外，由于自然情况下染病植株多伴随其他病害发生（如椰心叶甲、炭疽病等），黄化槟榔叶片多带有其他病斑、小叶叶尖干枯等症状，显著增加了槟榔黄化病田间诊断的难度。

三、病原学

槟榔黄化病的病原为槟榔黄化植原体（Arecanut yellow leaf phytoplasma，AYLP），属于原核生物域（Prokaryota）细菌界（Kingdom Bacteria）下的真细菌类（Eubacateria）革兰氏阳性真细菌组（Gram-positive Eubacateria）植原体属（*Phytoplasma*）。

目前，印度学者已通过各种实验证据确认该国的YLD病原为植原体。其常规证据包括电镜观察、狄纳氏染色、血清学、媒介昆虫甘蔗斑袖蜡蝉*Proutista moesta*接种及菟丝子；分子检测证据包括nested PCR、Real-time PCR及环介导等温扩增技术（Loop-mediated isothermal amplification，LAMP）。目前，已发现印度槟榔黄化植原体存在3个组或亚组，分别为16SrXI-B亚组、16SrI-B组和16SrXIV组。由此可见，印度槟榔黄化植原体具有多样性。Ponnamma证实槟榔黄化病可通过甘蔗斑袖蜡蝉*P. moesta*传播。

在国内，1995年，金开璇等采用电镜技术，在黄化病病株中发现了类菌原体和类细菌，最早提出中国槟榔黄化病为类细菌（束顶型）和类菌原体（黄化型）复合侵染所致。然而，罗大全等在随后进行的电镜实验中并未观察到类细菌，仅观察到植原体，且发现注射2种四环素族药物后的病株病情发展被不同程度的抑制，由此提出“植原体是黄化型黄化病的病原之一”。随后的分子生物学实验进一步提供了佐证。2002年，罗大全等进行了病原PCR检测研究，结果发现黄化型病样可扩增到植原体特异条带，而对照无扩增条带，这与电镜观察、四环素注射和大田流行规律研究结果一致。2010年，车海彦、周亚奎等则进一步对槟榔黄化植原体进行了nested PCR扩增（所用引物有差异）、测序及系统发育分析，根据16S rRNA序列分别将其划分为16SrI-G亚组和16SrI-B亚组。目前，我们针对槟榔黄化植原体已经开发了LAMP和微滴式数字PCR（Droplet Digital PCR，ddPCR）等检测技术，大大提高了病原检测效率，这些灵敏度更高的检测技术有望用于病害早期诊断等。

在槟榔黄化病病原鉴定试验中，电镜观察可以提供植原体存在、形态及大小方面的直接证据。将感染黄化病的槟榔植株组织制成超薄切片，在透射电镜和扫描电镜下均可以观察到韧皮部筛管组织中存在许多各种形状的植原体颗粒，而在健康植株组织则不存在。此外，电镜结果显示植原体分布于筛管壁附近，球形、卵圆形至长芽状，直径250～500 nm。

四、发生规律

槟榔黄化病可为害槟榔的各龄植株，幼苗及成株期均可受害。在干旱季节开始时，黄化症状会有隐退现象。同时，该病在我国不同种植区发生情况具有差异且与地形和树龄有关。调查发现10龄以下的槟榔发病率较低；其次是10～20龄的，超过20龄的发病率较高，陵水地区的发病率超过50%。按坡地、平地和低洼地3种地形划分，平地槟榔发病率最低；其次是低洼地；坡地发病率最高，达到30.47%。黄化病导致槟榔产量明显下降，不同发病年限对产量的影响不同。随着发病年限的延长，槟榔产量迅速下降，大多槟榔园在感病3年以后，产量很低，部分植株已不能结果或果实没有食用价值。树龄小于10龄的槟榔产量下降最明显，也最容易死亡，树龄较老的植株在发病初期产量下降较慢，感病2年以后也迅速下降，最终不能结果。槟榔黄化病病情还具有周年动态规律。我们于2019—2020年对屯昌、定安、琼海、万宁、文昌10个监测点的黄化病发生情况进行了调查。结果显示2年内10个监测点的黄化病病情动态规律的趋势基本一致，总体上各监测点的发病率随着时间的变化呈上升趋势，但病情指数存在动态变化，具体表现为病情指数在2—5月呈上升趋势，

6—8月逐渐降低，9月后又逐渐上升。

YLD远距离传播靠人为引种带毒种苗，近距离传播可通过媒介昆虫。目前，印度学者已证实*P. moesta*（Westwood）。Ponnamma等在电子显微镜下从*P. moesta*的唾液腺中观察到了植原体的存在，用该虫接种槟榔幼苗21～32个月后表现出了典型的黄化病症状。该虫也是印度另外一种植原体病害——椰子（根）枯萎病［Root（wilt）disease of coconut］的媒介昆虫。目前，中国热带农业科学院椰子研究所科研人员在黑刺粉虱、柑橘棘粉蚧、椰子尖蚜等6种刺吸式口器的昆虫体内检测到了植原体，进一步的接种实验正在开展。

五、附图

图1.1 下层叶片首先表现黄化症状（唐庆华 拍摄）

图1.2 下层叶片从叶尖开始表现症状，变为黄色、橙黄色（刘博 拍摄）

图1.3 单独感染植原体的植株叶片黄化症状，后期小叶叶脉变为黄色（孟秀利 拍摄）

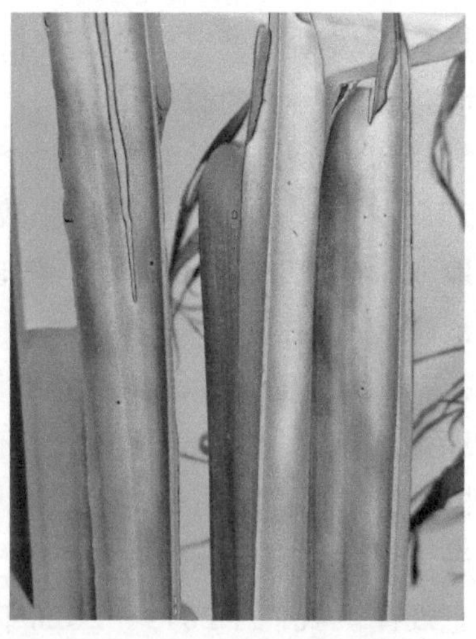

图1.4 黄化症状多从叶尖沿与叶脉平行的方向向基部扩展，病健交界明显（孟秀利 拍摄）

图1.5　少数情况下主叶脉也变黄，黄化症状从基部向叶尖扩展（孟秀利　拍摄）

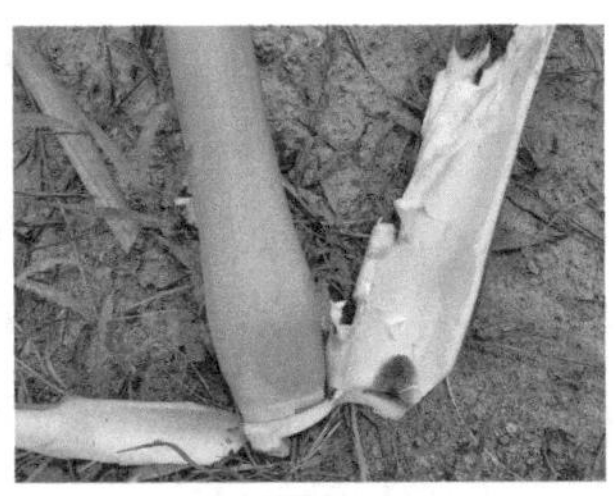

图1.6　病株花苞内的腋芽水渍状坏死，呈浅褐色（于少帅　拍摄）

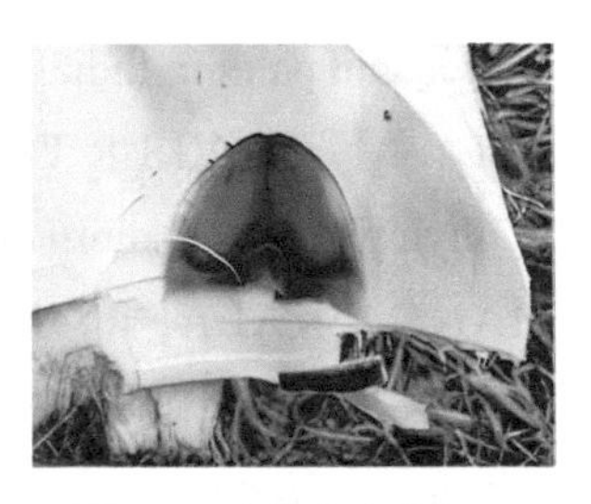

图1.7　腋芽水渍状坏死（放大）（于少帅　拍摄）

参考文献

车海彦，吴翠婷，符瑞益，等，2010. 海南槟榔黄化病病原物的分子鉴定[J]. 热带作物学报，31（1）：83-87.

陈万权，2020. 植物健康与病虫害防控[C]. 北京：中国农业科学技术出版社：34.

金开璇，孙福生，陈慕容，等，1995. 槟榔黄化病的病原的研究初报[J]. 林业科学，31（6）：556-558.

李增平，罗大全，2007. 槟榔病虫害田间诊断图谱[M]. 北京：中国农业出版社：1-62.

罗大全，2009. 重视海南槟榔黄化病的发生及防控[J]. 中国热带农业（3）：11-13.

覃伟权，范海阔，2010. 槟榔[M]. 北京：中国农业大学出版社：83-97.

覃伟权，朱辉，2011. 棕榈科植物病虫鼠害的鉴定及防治[M]. 北京：中国农业出版社：87-90.

周亚奎，甘炳春，张争，等，2014. 利用巢式PCR对海南槟榔（*Areca catechu* L.）黄化病的初步检测[J]. 中国农学通报，26（22）：381-384.

周亚奎，战晴晴，杨新全，2014 等. 海南槟榔黄化病发生及对产量的影响调查[J]. 中国森林病虫，33（2）：24-25，23.

朱辉，覃伟权，余凤玉，等，2008. 槟榔黄化病研究进展[J]. 中国热带农业（5）：36-38.

朱辉，余凤玉，覃伟权，等，2009. 海南省槟榔主要病害调查研究[J]. 江西农业学报，21（10）：81-85，89.

BALASIMHA D，RAJAGOPAL V，2004. Arecanut[M]. Mangalore：Karavali Colour Cartons Ltd.

CHAITHRA M，MADHUPRIYA，KUMAR S，et al.，2014. Detection and characterization of 16SrI-B phytoplasmas associated with yellow leaf disease of arecanut palm in India[J]. Phytopathogenic Mollicutes, 4（42）: 77-82.

LEE I M, DAVIS R E, GUNDERSEN RINDAL D E, 2000. Phytoplasma: phytopathogenic mollicutes[J]. Annual Review of Microbiology, 54: 221-255.

MANIMEKALAI R, SATHISH KUMAR R, SOUMYA V P, et al., 2010. Molecular detection of phytoplasma associated with yellow leaf disease in areca palms（*Areca catechu*）in India[J]. Plant Disease, 94（11）: 1376.

MANIMEKALAI R, SMITA N, SOUMYA V P, et al., 2013. Phylogenetic analysis identifies a '*Candidatus* Phytoplasma oryzae' -related strain associated with yellow leaf disease of areca palm（*Areca catechu* L.）in India[J]. International Journal of Systematic and Evolutionary Microbiology, 63（Pt4）: 1376-1382.

MOHAPATRA A R, BHAT N T, HARISHU K, 1976. Yellow leaf disease of arecanut: Soil fertility studies[J]. Arecanut & Spices Bulletin, 8: 27-31.

NAIR S, MANIMEKALAI R, RAJ P G et al., 2016. Loop mediated isothermal amplification（LAMP）assay for detection of coconut root wilt disease and arecanut yellow leaf disease phytoplasma[J]. Journal of Microbiology & Biotechnology, 32(7): 1-7.

NAIR S, ROSHNA O M, SOUMYA V P, et al., 2014. Real-time PCR technique for detection of arecanut yellow leaf disease phytoplasma[J]. Australasian Plant Pathology, 43（5）: 527-529.

NAYAR R, SELISKAR C E, 1978. Mycoplasma like organisms associated with yellow leaf disease of *Areca catechu* L. [J]. European Journal of Forest Pathology, 8: 125-128.

PONNAMMA K N, KARNAVAR G K, 1998. Biology, bionomics and control of *Proutista moesta* Westwood（Hemiptera: Derbidae）: a vector of yellow leaf disease of areca palms[J]. Developments in Plantation Crops Research（6）: 264-272.

PONNAMMA K N, RAJEEV G, SOLOMON J J, 1997. Evidences for transmission of yellow leaf disease of areca palm *Areca catechu* L. by *Proutista moesta*（Westwood）（Homoptera: Derbidae）[J]. Journal of Plantation Crops, 25（2）: 197-200.

PONNAMMA K N, RAJEEV G, SOLOMON J J, 1991. Detection of mycoplasma-like organisms in *Proutista moesta*（Westwood）a putative vector of yellow leaf disease of arecanut[J]. Journal of Plantation Crops, 19（11）: 63-65.

RAJEEV G, PRAKASH V R, MAYIL VAGANAN M, et al., 2011. Microscopic and polyclonal antibody-based detection of yellow leaf disease of arecanut（*Areca catechu* L.）[J]. Archives of Phytopathology and Plant Protection, 44（11）: 1093-1104.

RAWTHER T S S, 1976. Yellow leaf disease of arecanut: symptomatology, bacterial and pathological studies[J]. Arecanut and Spices Bulletin（9）：20-24.

SARASWATHY N，RAVI B，2001. Yellow leaf desease of areaca palms[J]. India Jouinal Arecanut Spices and Medicinal Plants，3（2）：51-55.

SUMI K，MADHUPRIYA，KUMAR S，et al.，2014. Molecular confirmation and interrelationship of phytoplasmas associated with diseases of palms in South India[J]. Phytopathogenic Mollicutes，4（42）：41-52.

YU S S，CHE H Y，WANG S J，et al.，2020. Rapid and efficient detection of 16SrI group areca palm yellow leaf phytoplasma in China by loop-mediated isothermal amplification[J]. Plant Pathology Journal，36（5）：459-467.

（唐庆华、宋薇薇、于少帅、孟秀利）

第二节　槟榔黄叶病毒病

一、分布与为害

槟榔黄叶病毒病（*Areca palm leaf yellowing virus disease*，ALYVD）是槟榔黄叶病毒1（*Areca palm leaf yellowing virus* 1，AYLV1。曾用名槟榔隐症病毒1，*Areca palm velarivius* 1，APV1）引起的一种病害，该病在海南主要槟榔产区都普遍存在，是引起海南槟榔黄化的最主要原因之一。该病传染性强，为害严重，可造成槟榔产量显著下降、绝收，甚至植株死亡。ALYV1（APV1）于2015年首次报道，该病原与槟榔黄化之间的关联性于2020年得到确认。田间调查结果显示该病害在槟榔黄化症状高发区平均发病率高达90%以上。在海南6大槟榔主产区（定安、琼海、琼中、万宁、保亭和陵水）发生率都超过50%。

二、田间症状

槟榔黄叶病毒病症状开始出现在树冠中部或最下部的一片或多片羽状复叶，从小叶尖开始变黄。在感染初期，叶片上可以观察到明显的黄色和正常绿色区域的突然分界，该症状与生理性的黄色明显不同。黄化症状沿着叶脉组织的方向扩展，而中脉保持绿色，通常形成一个黄绿色的边界。在病害发展后期，黄化症状扩展到幼叶和下部叶片；心叶发育不良；冠幅明显减小，出现“束顶”症状。槟榔黄叶病毒病所致黄化症状的主要特征体现在3种不均匀黄化：①同一株槟榔树只有部分羽状复叶黄化（图1.8）；②同一片羽状复叶只有部分小叶黄化（图1.9）；③同一片小叶的黄化只有叶尖黄化叶基绿色或叶肉黄化叶脉绿色（图1.10，图1.11）。另外，槟榔隐症病毒病的槟榔对干旱和低温胁迫更为敏感。在冬季或旱季，槟榔黄叶病毒病槟榔园表现出更严重的黄化的症状。在雨季和温暖季节，黄化症状变得温和或几乎不显症。

槟榔黄叶病毒病还可造成许多其他症状，如槟榔下层叶片会逐渐枯死，新叶生长缓慢，也会皱缩卷曲、叶片变窄、变小等。症状严重还会造成植株生长缓慢，甚至不开花，即使开花结果，果穗也会变小、果实不饱满。

三、病原学

槟榔黄叶病毒病病原为ALYV1（APV1），通过系统进化树分析及基因组结构特征分析，该病毒属于长线性病毒科（*Closteroviridae*）隐症病毒属（*Velarivirus*）病毒。病毒粒体呈弯曲、线状，长度约为2 000 nm，病毒粒子具有长线科病毒的主要特征（图1.12）。

四、发生规律

APV1最重要的传播方式通过粉蚧以半持久方式进行传播，种子也可传带此病毒，但不能通过机械摩擦及土壤传播。ALYV1（APV1）也可能通过种苗进行传播。自然条件下通过柑橘棘粉蚧、双条拂粉蚧传播。粉蚧的若虫、成虫均可传毒，若虫的传毒效率高于成虫，传毒效率还因槟榔品种的不同而存在差异。ALYV1（APV1）远距离传播往往是由于种苗材料的运输，这是引起病害流行的主要途径。

五、附图

图1.8 田间下层叶片发病症状（王洪星 拍摄）

图1.9 发病叶片田间症状（王洪星 拍摄）

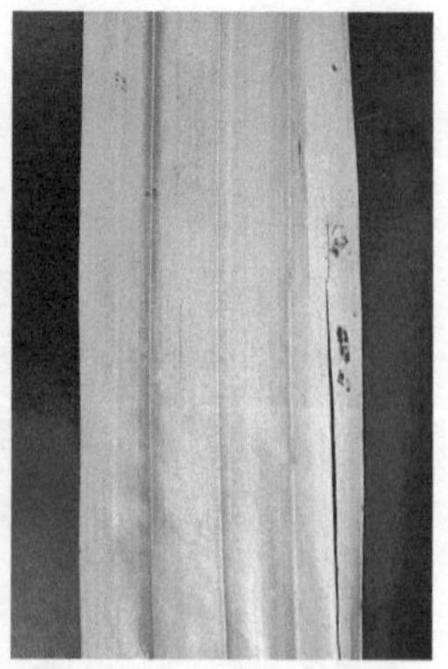

图1.10 发病叶片典型症状（王洪星 拍摄）

图1.11　发病叶片典型症状（王洪星　拍摄）

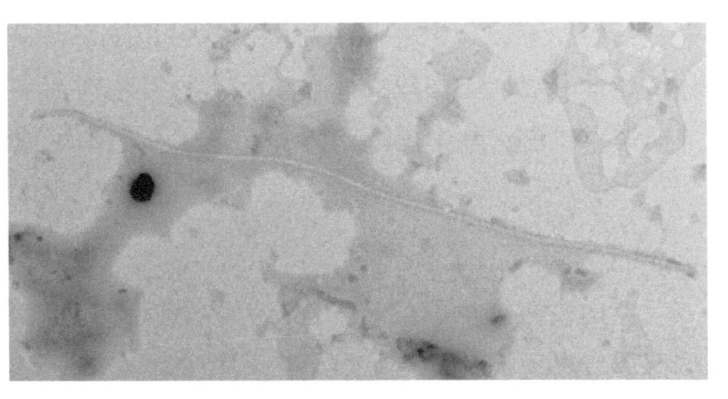

图1.12　槟榔黄叶病毒ALYV1（APV1）电镜照片（引自Wang et al.，2020）

参考文献

丁晓军，唐庆华，严静，等，2014. 中国槟榔产业中的病虫害现状及面临的主要问题[J]. 中国农学通报，30（7）：246-253.

JELKMANN W，MIKONA C，TURTURO C，et al.，2012. Molecular characterization and taxonomy of grapevine leafroll-associated virus 7[J]. Arch ives of Virology，157（2）：359-362.

WANG H，ZHAO R，ZHANG H，et al.，2020. Prevalence of yellow leaf disease（YLD）and its associated *Areca palm velarivirus* 1（APV1）in betel palm（*Areca catechu*）plantations in Hainan，China[J]. Plant Disease，104（10）：2556-2562.

YU H，QI S，CHANG Z，et al.，2015. Complete genome sequence of a novel velarivirus infecting areca palm in China[J]. Archives of Virology，160（9）：2367-2370.

（黄惜、翟金玲、王洪星）

第三节　槟榔坏死环斑病毒病

一、分布与为害

槟榔坏死环斑病毒病（*Areca palm necrotic ringspot virus disease*，ANRSVD）是近年来在我国海南省槟榔主产区发现的一种病毒病害，于2019年首次报道。田间调查结果显示该病害平均发病率高达19%。除三亚和乐东外，该病在其他6大槟榔主产区（定安、琼海、琼中、万宁、保亭和陵水）均有发生。其中，万宁、定安和琼海局部区域槟榔坏死环斑病毒病分布较广，发病率分别高达46%、45%和36%。该病害的发生对海南的槟榔种植业造成了较大经济损失。目前，除中国海南外，尚未见其他国家或地区有该病害发生的报道。

二、田间症状

发病槟榔植株中部及下部叶片出现典型坏死环斑症状，顶部新叶在冬季和早春季节出现褪绿环斑症状。感病植株整体树势不佳，叶片稀疏，并伴有底部叶片下垂现象。

三、病原学

通过电镜观察、小RNA高通量测序及RT-PCR等方法，从病害样品鉴定出一种新型的病毒种类，命名为槟榔坏死梭斑病毒（*Areca palm necrotic ringspot virus*，ANRSV）。目前，尚未完成槟榔坏死环斑病害的摩擦接种或虫媒接种验证（科赫氏法则鉴定），但相关研究表明ANRSV与病害发生密切相关。ANRSV病毒粒子形态为弯曲线状，其直径和长度分别为15 nm和780 nm。ANRSV在分类上归属于马铃薯Y病毒科（*Potyviridae*）、槟榔病毒属（*Arepavirus*）。

四、发生规律

目前，对于槟榔坏死环斑病毒病的传播方式和侵染机理等尚不明确，有待进一步探究。

五、附图

图1.13　感染ANRSVD的槟榔植株顶端叶片出现褪绿环斑症状（崔红光　拍摄）

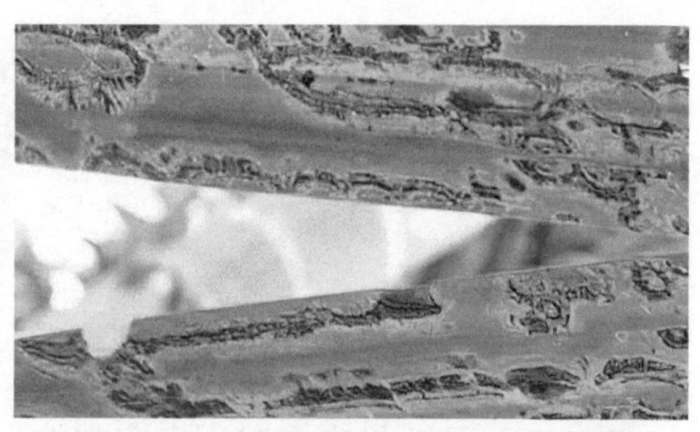

图1.14　感染ANRSVD的槟榔植株顶端中下部叶片出现坏死环斑症状（崔红光　拍摄）

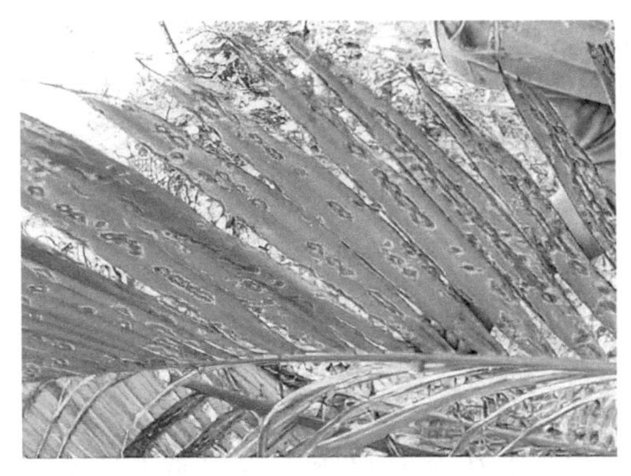

图1.15　感染ANRSVD的槟榔植株顶端中下部叶片出现坏死环斑症状（崔红光　拍摄）

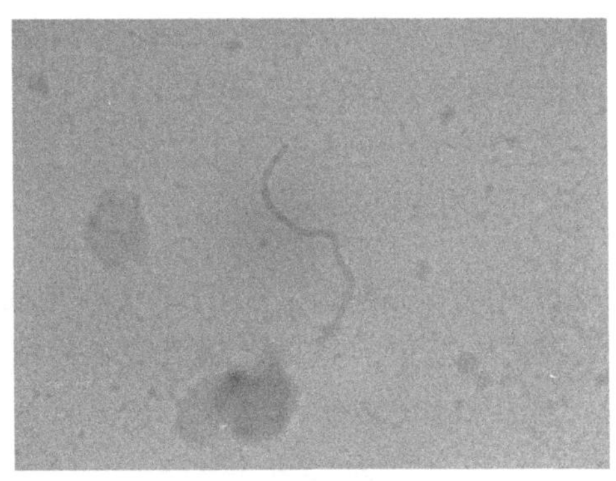

图1.16　槟榔坏死环斑病毒粒子电镜照片（崔红光　拍摄）

参考文献

YANG K，RAN MY，LI Y，et al.，2019. Areca palm necrotic ringspot virus，classified within a recently proposed genus *Arepavirus* of the family *Potyviridae*，is associated with necrotic ringspot disease in areca palm[J]. Phytopathology，109（5）：887-894.

ZHAO G Y，SHEN W T，TUO D C，et al.，2020. Rapid detection of two emerging viruses associated with necrotic symptoms in *Areca catechu* L. by reverse transcription loop-mediated isothermal amplification（RT-LAMP）[J]. Journal of Virological Methods，281：113795.

（崔红光、沈文涛）

第四节　槟榔坏死梭斑病毒病

一、分布与为害

槟榔坏死梭斑病毒病（*Areca palm necrotic spindle-spot virus disease*，ANSSVD）是一种为害严重的病毒病害。该病害于2017年10月在中国海南保亭槟榔园首次发现并报道。迄今，尚未见其他国家或地区有该病害发生的相关报道。

二、田间症状

发病初期，槟榔叶片沿着叶脉出现条形褪绿斑，病斑逐渐扩展形成褐色坏死条状斑，后期病斑融合出现典型的纺锤状坏死斑等症状。受害槟榔植株表现叶片脱落和树势衰退等症状。

三、病原学

通过电镜观察、小RNA高通量测序及RT-PCR等方法，从病害样品中鉴定出一种新颖的病毒种类，命名为槟榔坏死梭斑病毒（*Areca palm necrotic spindle-spot virus*，ANSSV）。ANSSV病毒粒子形态为弯曲线状，其直径和长度分别为15 nm和780 nm。ANSSV在分类上归属于马铃薯Y病毒科（*Potyviridae*）、槟榔病毒属（*Arepavirus*）。

四、发生规律

目前对于槟榔坏死梭斑病毒病的传播方式和侵染机理等尚不明确，有待进一步探究。

五、附图

图1.17　槟榔坏死梭斑病害发病初期叶片条形褪绿斑（崔红光　拍摄）

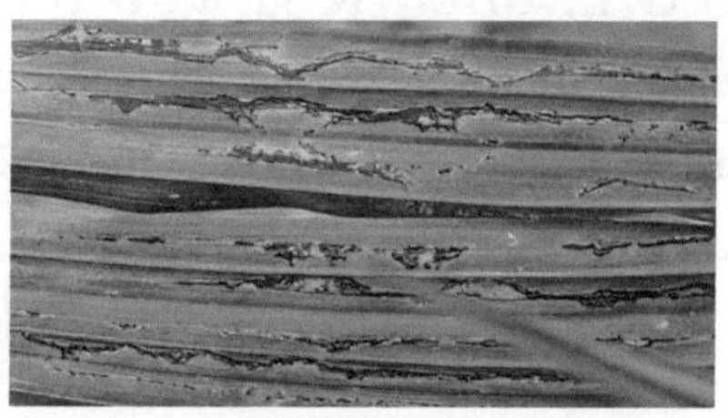

图1.18　槟榔坏死梭斑病害发病中期叶片条状坏死斑（崔红光　拍摄）

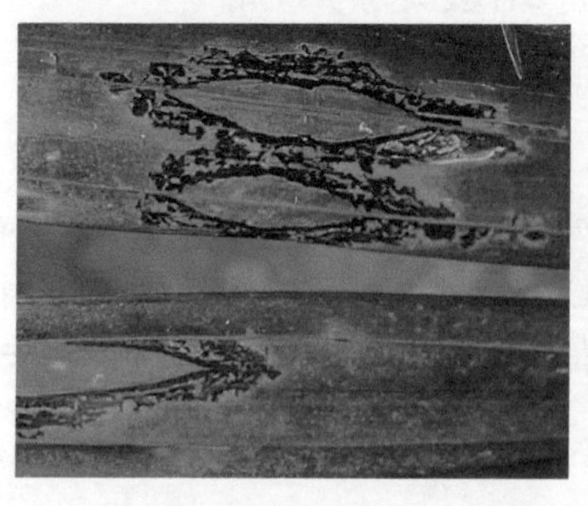

图1.19　槟榔坏死梭斑病害发病后期病斑融合形成典型梭状坏死斑（崔红光　拍摄）

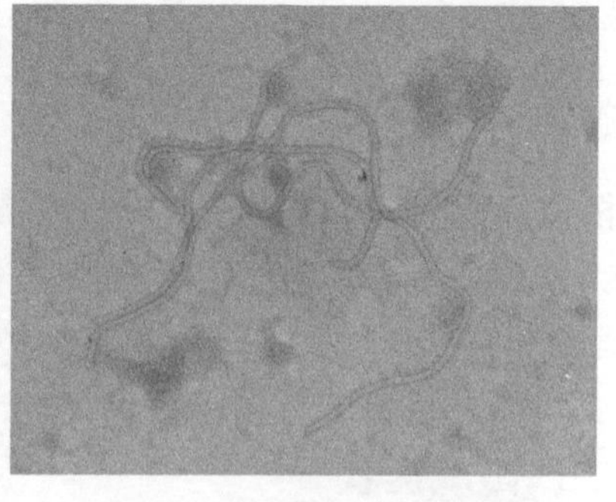

图1.20　槟榔坏死梭斑病毒粒子电镜照片（崔红光　拍摄）

参考文献

QIN L，SHEN W T，TANG Z F，et al.，2021. A newly identified virus in the family *Potyviridae* encodes two leader cysteine proteases in tandem that evolved contrasting RNA silencing suppression functions[J]. Journal of Virology，95（1）：e01414-20.

YANG K，RAN M Y，LI Z P，et al，2018. Analysis of the complete genomic sequence of a novel virus，areca palm necrotic spindle-spot virus，reveals the existence of a new genus in the family *Potyviridae*[J]. Archives of Virology，163（12）：3471-3475.

YANG K，RAN M Y，LI Z P，et al.，2018. Correction to：Analysis of the complete genomic sequence of a novel virus，areca palm necrotic spindle-spot virus，reveals the existence of a new genus in the family *Potyviridae*[J]. Archives of Virology，163（12）：3477.

ZHAO G Y，SHEN W T，TUO D，et al.，2020. Rapid detection of two emerging viruses associated with necrotic symptoms in *Areca catechu* L. by reverse transcription loop-mediated isothermal amplification（RT-LAMP）[J]. Journal of Virological Methods，281：113795.

（崔红光、沈文涛）

第五节 槟榔炭疽病

一、分布与为害

槟榔炭疽病（Areca anthracnose）是槟榔主要病害之一，印度早年已有本病发生的报道。1985年开始，海南省各市县槟榔园都有此病发生。病菌能侵染槟榔的多种器官，因发病的部位不同，而有不同的名字，发生在叶片上的叫槟榔炭疽病。幼苗发病较严重，植株生长衰弱，叶片淡黄乃至整株死亡，重病区可达到70%的发病率，死亡率达到30%。由致病菌*Colletotrichum kahawae* subsp. *ciggaro*引起的槟榔炭疽病目前仅在中国海南省报道发现。苗圃和刚定植的幼苗发病较高，病株生长衰弱，叶片颜色淡黄乃至整株死亡。

二、田间症状

为害叶片时，初期呈现暗绿色水病斑为不规则、椭圆形或圆形病斑（图1.21）；中后期呈灰褐色或深褐色，边缘黑褐色，病斑微凹陷；发病后期病斑产生少量小黑点（病原菌分生孢子盘）（图1.22）。严重的病叶变褐枯死，易破碎。

三、病原学

槟榔炭疽病病原有多种，分属于胶孢炭疽菌复合种*Colletotrichum gloeosporioides* species complex和*Colletotrichum boninense* species complex，包括柯氏炭疽菌*C. cordylinicola*、胶孢炭痕菌*C. gloeosporioides*、果生炭痕菌*C. fructicola*、喀斯特炭痕菌*C. carsti*、暹罗炭疽菌*C. siamense*、热带炭疽菌*C. Tropicale*、*Colletotrichum kahawae* subsp. *ciggaro*，均为半知菌类腔孢纲黑盘孢目刺盘孢属。炭疽菌菌株菌落形态及分生孢子形态见图1.23和图1.24。

四、发生规律

此病的主要侵染来源为田间病株及其残体。气温偏高，连续阴雨或高湿度时，病菌会产生大量的分生孢子，通过风雨、露水、昆虫传播，会从寄主的自然孔口或伤口侵入，潜育期2～4 d。该菌可潜伏侵染，当环境条件适宜时，会表现出症状。

五、附图

图1.21　田间症状
（谢昌平　拍摄）

图1.22　病斑上的小黑点
（谢昌平　拍摄）

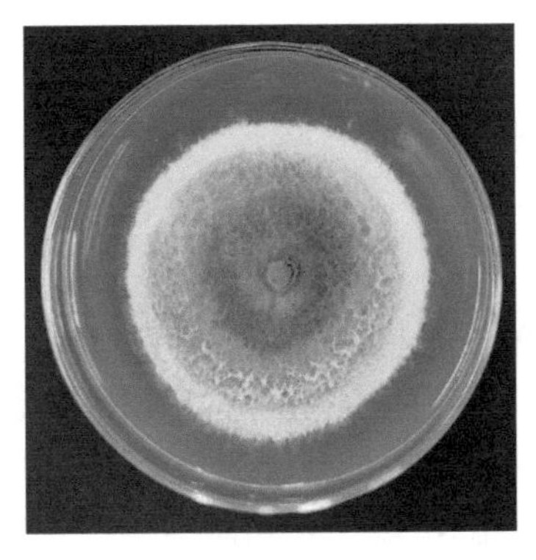

图1.23　炭疽菌菌落形态（郑丽　拍摄）

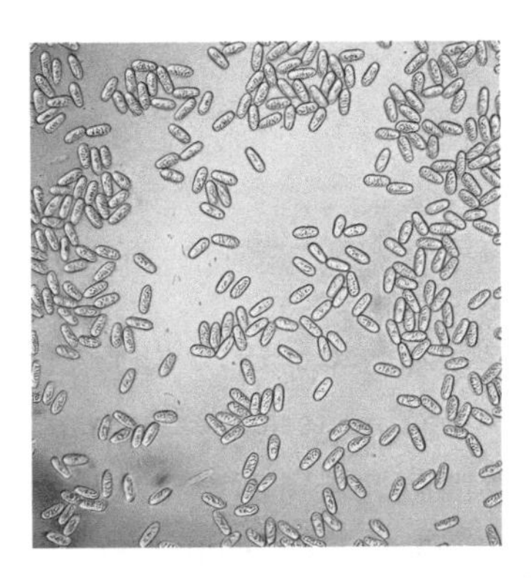

图1.24　炭疽菌分生孢子形态（郑丽　拍摄）

参考文献

高兆银，胡美姣，李敏，等，2014. 芒果采后生物学与贮藏保鲜技术[M]. 北京：中国农业出版社.

李增平，罗大全，2007. 槟榔病虫害田间诊断图谱[M]. 北京：中国农业出版社.

李增平，郑服丛，2015. 热带作物病理学[M]. 北京：中国农业出版社.

彭友良，王文明，陈学伟，2019. 中国植物病理学会2019年学术年会论文集[C]. 北京：中国农业科学技术出版社：142.

余凤玉，朱辉，牛晓庆，等，2015. 槟榔炭疽菌生物学特性及6种杀菌剂对其抑制作用研究[J]. 中国南方果树，44（2）：77-80.

BATISTA D，SILVA D N，VIEIRA A，et al.，2017. Legitimacy and implications of reducing *Colletotrichum kahawae* to subspecies in plant pathology[J]. Front Plant Science，7：2051.

CABRAL A，AZINHEIRA H G，TALHINHAS P，et al.，2020. Pathological，morphological，cytogenomic，biochemical and molecular data support the distinction between *Colletotrichum cigarrocomb. et stat. nov.* and *Colletotrichum kahawae*[J]. Plants（Basel），9（4）：502.

XU G，QIU F，LI X，et al.，2020. *Diaporthe limonicola* causing leaf spot disease on *Areca catechu* in China[J]. Plant Disease，104（6）：1869.

ZHANG H，WEI Y X，SHI H T，2020. First report of anthracnose caused by *Colletotrichum kahawae* subsp. *ciggaro* on areca in China[J]. Plant Disease，104（6）：1871-1872.

（郑丽、谢昌平、施海涛）

第六节　槟榔细菌性条斑病

一、分布与为害

印度学者Rao于1970年首次报道槟榔细菌性条斑病（Areca bacterial leaf stripe或Areca bacterial leaf streak，ABLST）。我国于1985年在海南省发现该病。槟榔细菌性条斑病曾于20世纪90年代在海南槟榔种植区普遍发生，重病园发病率达100%，重病株叶片整片枯死，严重影响槟榔生长和产量。

二、田间症状

槟榔苗期和结果期均可感病。该病主要为害叶片，也可为害叶柄、叶鞘和花苞。发病初期在叶片上出现暗褐色水渍状小斑点，后沿着叶脉扩展形成暗绿色至黑褐色条斑，四周有明显的黄色晕圈，严重时，许多条斑汇合成大块枯死斑，甚至整片小叶枯死，病斑破裂。潮湿天气常可在叶片背面发现有黄白色胶黏状物渗出，此为病原菌菌脓。横切病组织病健交界处，置于载玻片上，滴入无菌水，盖上盖玻片，于光学显微镜下观察，可以看到细菌典型的溢菌特征。

三、病原学

槟榔细菌性条斑病的病原为菌物界变形菌门Y变形菌纲黄单胞菌目黄单胞菌科黄单胞菌属（*Xanthomonas*）的一种细菌。1970年，印度学者将该病病原鉴定为野油菜黄单胞菌槟榔致病变种*X. campestris* pv. *arecae*（Rao & Mohan）Dye。1989年，文衍堂等对病原鉴定后认为，引起海南岛槟榔细菌性条斑病的病原与印度报道的相同。2020年，Studholme等根据*X. campestris* pv. *areae*菌株NCPPB2469全基因组序列与黄单胞菌*Xanthomonas vasicola* Vauterin et al. 1995菌株NCPPB 1394、NCPPB 1395、NCPPB1396和NCPPB 902相似性超过98%的发现将该菌重新划分为后者的一个变种，即*X. vasicola* pv. *arecae* comb. nov.。

该菌菌体短杆状，两端钝圆，排列方式多数为单个，少数呈双链排列；有荚膜，但不产生芽孢，革兰氏染色阴性反应，鞭毛单根极生。菌体在酵母粉葡萄糖氯霉素琼脂（YDC）培养基平板上28 ℃培养4 d，菌落圆形，表面光滑，隆起，有光泽，淡黄色，边缘完整，黏稠，菌落直径2.0～2.5 mm。在马铃薯块斜面培养1 d，菌苔丝状，生长中等，边缘光滑，黄白色，有光泽，薯块稍变色。在金氏B培养基斜面培养，菌体不产生荧光色素。病原菌可产生大量的胞外多糖，这些多糖是葡萄糖、半乳糖、甘露糖和一些小分子量的葡萄糖醛酸的杂合体，与病原菌的致病力有关。除槟榔外，人工接种该菌还可侵染椰子、甘蔗、三药槟榔等，而油棕、王徐、蒲葵、金山葵等则不感病。

四、发生规律

该病的发生和流行与降水量、温度、湿度、台风等气候因子密切相关，温热、多雨、高湿是病害发生发展的重要条件。在我国海南周年均可发生，8—12月为病害盛发期。

连续大量降雨，相对低温（17.5～25.5 ℃），槟榔园湿度高，有利于病原菌的繁殖、侵入和传播。种植在山坡地的槟榔，由于湿度低，发病较轻。不同树龄的槟榔树，发病程度差异较明显，3～6龄的幼树较幼苗和成龄树发病严重。本病害周年可发生，但以下半年高温多雨、又是台风发生季节时病害发展快。发病的高峰期通常出现在8—12月；1—2月低温干旱，病情减弱。高温干旱，病害受到抑制或扩展缓慢。发病初期，叶片上形成一层水膜，病斑背面产生大量细菌溢脓，为病害发生和扩散提供了大量菌源，短期内病情严重。病斑扩展与雨量、雨日呈正相关；反之，雨量小、湿度低，病斑扩展慢。Sampath Kumar发现病害发生率与降水密切相关，在雨季（7—10月）月平均降水量达130 mm或月降雨天数超过10 d时，病害发生率高。由于病原菌在土壤中最长可存活75 d，因此土壤不是病原菌的主要来源。带病种苗、田间病株及其残体是病原菌的主要侵染来源，病菌从伤口和自然孔口侵入寄主，靠雨水、流水、昆虫和农事操作进行传播。尤其是台风雨，造成植株伤口增多，不仅有利于病菌入侵，还能使病菌作远距离传播，是导致病害流行的主导因素。台风雨在台风过后的1—2月是病害发生的高峰期，若台风提前，发病高峰期也随之提前出现。

五、附图

图1.25　整园发病症状（余凤玉　拍摄）

图1.26　为害叶鞘症状（余凤玉　拍摄）

图1.27　为害花苞症状（余凤玉　拍摄）

图1.28　早期症状（余凤玉　拍摄）

图1.29　后期症状（余凤玉　拍摄）

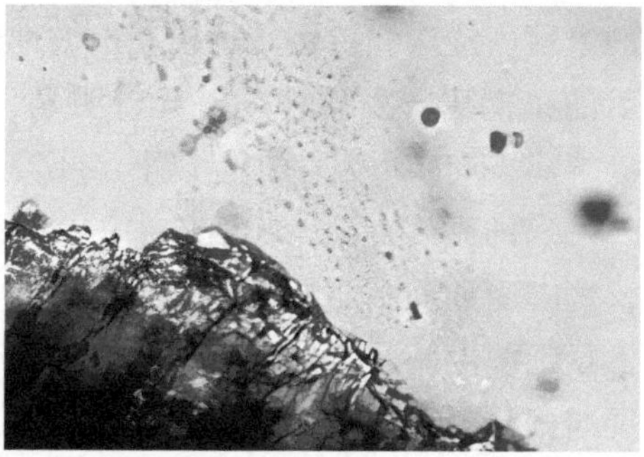

图1.30　菌溢现象（引自覃伟权和朱辉，2011）

参考文献

洪祥千，陈家俊，叶清仰，等，1992. 海南岛槟榔细菌性条斑病的发生规律[J]. 热带作物学报，13（1）：87-94.

文衍堂，洪祥千，1989. 海南岛槟榔细菌性条斑病病原菌鉴定[J]. 热带作物学报，10（1）：77-82.

KUMAR S N S，1983. Epidemiology of bacterial leaf Disease of arecanut palm[J]. Tropical Pest Management，29（3）：249-252.

RAO Y P，MOHAN S K，1976. Bacterial leaf stripe of arecanut caused by *Xanthonomas arecae* sp. *nov*[J]. Indian Phytopathology，29：251-255.

RAO Y P，MOHAN S K，1970. A new bacterial leaf stripe disease of arecanut（*Areca catechu*）in Mysore State[J]. Indian Phytopathology，23：702-704.

SAMPATH KUMAR S N，1981. Bacterial leaf stripe disease of arecanut（*Areca catechu* L.）caused by *Xanthomonas campestris* pv. *arecae*[D]. Bangalore：Indian Institute of Science：190.

STUDHOLME D J，WICKER E，ABRARE S M，et al.，2020. Transfer of *Xanthomonas campestris* pv. *arecae* and *X. campestris* pv. *musacearum* to *X. vasicola*（Vauterin）as *X. vasicola* pv. *arecae* comb. nov. and *X. vasicola* pv. *musacearum* comb. nov. and description of *X. vasicola* pv. *vasculorum* pv. nov.[J]. Phytopathology，110（6）：1153-1160.

（余凤玉、朱辉）

第七节 槟榔细菌性叶斑病

一、分布与为害

槟榔细菌性叶斑病（Arecanut bacterial leaf spot，ABLSP）全年均可发生。2007年，我国台湾学者许秀惠等首次报道槟榔细菌性叶斑病。唐庆华等于2014年报道海南省文昌市发生该病。随后调查发现，该病在三亚、万宁、琼海、定安等市县亦有发生。

二、田间症状

槟榔细菌性叶斑病主要为害叶片，形成褐色坏死斑，病斑周围有黄晕，随着叶脉呈不规则扩展，使整片叶片布满斑点，严重的病斑汇成一片，导致整叶干枯死亡。

三、病原学

槟榔细菌性叶斑病的病原先前被鉴定为须芒草伯克霍尔德氏菌（*Burkholderia andropogonis*）。2017年，Lopes-Santos等通过16S rDNA基因序列系统发育及多位点分析，发现*B. andropogonis*与*Burkholderia*属其他种基因型存在差异，代表新的基因型，故将其命名为一个新属种——*Robbsia andropogonis*。本文以“*B. andropogonis*（syn：*R. andropogonis*）”进行表述。该菌为革兰氏阴性菌，具单根极生鞭毛、杆状，有游动性。在KB培养基上不产生荧光色素，在NA培养基上不产生黄色色素，PDA培养基上不会产生色素。

该菌还可为害包括石竹科、鸭跖草科、杜鹃花科、禾本科、豆科、百合科、木瓜科、夜蛾科、兰科、白花丹科、蓼科、红宝石科和苋科13科22属34种植物。另外，据报道还有13属14种植物对接种试验敏感。

四、发生规律

全年可发生，在台风期和雨季暴发，严重影响槟榔的生长和产量。

五、附图

图1.31　整园发病症状（唐庆华　拍摄）

图1.32　为害叶片症状（唐庆华　拍摄）

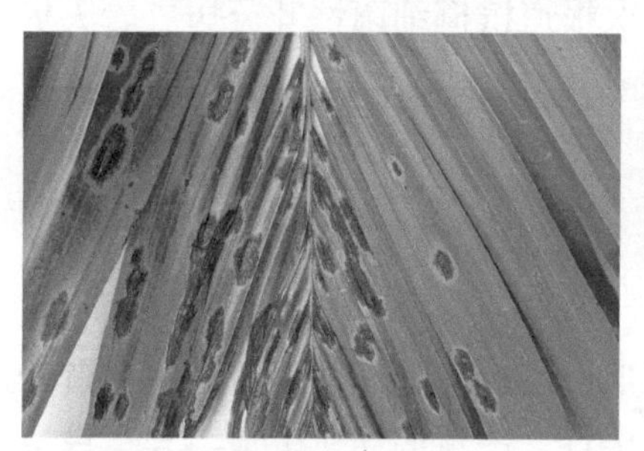

图1.33　为害叶片症状（放大）（唐庆华　拍摄）

图1.34　早期症状（唐庆华　拍摄）

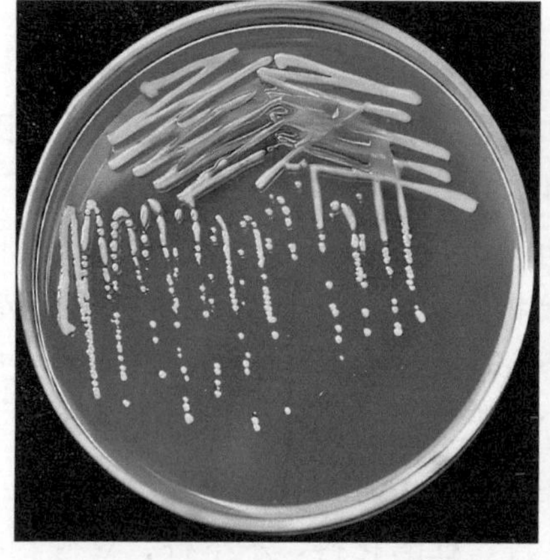

图1.35　在NA培养基上菌落白色隆起，不产生色素（唐庆华　拍摄）

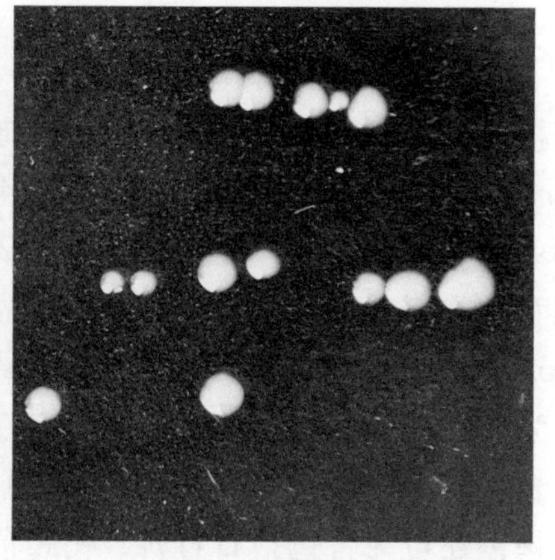

图1.36　菌落白色、隆起，不产生色素（放大）（唐庆华　拍摄）

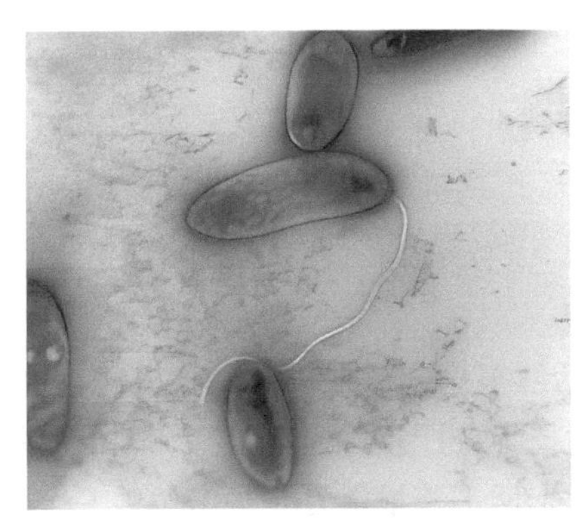

图1.37 菌体单根极生鞭毛、杆状
（引自唐庆华等，2014）

图1.38 致病性测定
（唐庆华 拍摄）

参考文献

唐庆华，张世清，牛晓庆，等，2014. 海南槟榔细菌性叶斑病病原鉴定[J]. 植物病理学报，44（6）：700-704.

许秀惠，赖婉绮，潘雅碧，等，2007. *Burkholderia andropogonis*引起之槟榔叶斑病及药剂筛选[J]. 植物病理学会刊，16（3）：131-139.

BALASIMHA D，RAJAGOPAL V，2004. Arecanut[M]. Mangalore：Karavali Colour Cartons Ltd.

DUAN Y P，SUN X，ZHOU L J，et al.，2009. Bacterial brown leaf spot of citrus，a new disease caused by *Burkholderia andropogonis*[J]. Plant Disease，93（6）：607-614.

LOPES-SANTOS L，CASTRO D B A，FERREIRA-TONIN M，et al.，2017. Reassessment of the taxonomic position of *Burkholderia andropogonis* and description of *Robbsia andropogonis* gen. nov.，comb. nov.[J]. Antonie van Leeuwenhoek，110（6）：727-736.

TANG Q H，YU F Y，ZHANG S Q，et al.，2013. First report of *Burkholderia andropogonis* causing bacterial leaf spot of betel palm in Hainan Province，China[J]. Plant Disease，97（12）：1654.

YUICHIRO M，MASAO G，1996. Bacterial leaf spot of *Amaranthus cruentus* L. caused by *Burkholderia andropogonis*（Stapp）Gills et al.[J]. The Phytopathological Society of Japan，62（2）：181-183.

（余凤玉、唐庆华）

第八节 槟榔根腐病

一、分布与为害

槟榔根腐病（Areca root rot）包括红根病、褐根病、黑纹根病。这3种根病在海南发生虽不普遍，但个别地区病情十分严重，引起根茎和根部腐烂，造成整株枯死，对槟榔生产影响较大。据李增平等报道万宁县南桥区一个槟榔园原有结果树700多株，因褐根病、黑纹根病为害而死亡的树累积达200多株，死亡率约25%。槟榔红根病国外称茎基腐病，1807年就记录了此种病害。5～10年生的槟榔普遍感病，荒芜的槟榔园死亡率达94%。此病在海南万宁等地的槟榔园发病较多，三亚的南滨农场、琼海及儋州的部分槟榔园也有零星发生。部分槟榔园发病率达10%～50%，特别是在一些荒芜失管、排水不良和密度过大的槟榔园发病较重。

二、田间症状

槟榔的根、茎基部受害后，不同程度地影响了植株吸收和运送水分及无机盐的能力，破坏了槟榔的正常生理活动，在地上部分和根部就会出现各种不同的症状。

1. 红根病

病菌从根茎部侵入后，引起根茎坏死，地上部的树冠从老叶开始变色，发黄枯死，继而扩展到新叶，树冠逐渐缩小，整株树冠变黄，在发病数月后全株枯死，叶片干枯脱落，只剩下光秃秃的树干，并在枯死植株的茎基部长出子实体（担子果）。病株根部海绵状湿腐，根表不粘泥沙。

2. 褐根病

发病初期，植株外层叶片褪绿、黄化，并逐渐向里层叶片发展，树干干缩，呈灰褐色，随后叶片脱落，整株死亡。病根表面粘泥沙，偶见铁锈色至褐色菌膜，木质部轻、干、硬、脆，具单线渔网状的褐色网纹，后期木质部腐烂呈蜂窝状，并有白色菌丝夹杂在其中。病树1～2年死亡。

3. 黑纹根病

病菌多从根颈部的受伤处侵入，植株发病后，叶片褪绿变黄。病根表面不粘泥沙，无菌丝菌膜，但在根皮与木质部之间有灰白色菌丝层；病根干腐，木质部剖面有波浪状黑线纹，偶见黑纹闭合成小圆圈。发病后期，根颈病部产生子实体。子实体扁平，紧贴病部，似膏药状，开始白色，然后渐变灰绿色，质地柔软，最后变为黑色、炭质，变脆。

三、病原学

1. 红根病

病原菌为担子菌门层菌纲非褶菌目灵芝属的灵芝菌［*Ganoderma lucidum*（Leyss.ex Fr）Larst.］。病菌担子果上表面呈锈褐色或枯叶色，有皱纹；边缘白色，略向上；下表面光滑呈灰白色；直径3.0 ~ 16.5 cm，宽3.6 ~ 11.0 cm，无柄或有短柄，侧生于病树茎干基部的侧面，或从病树的表层病根上长出，子实体有蘑菇香味。此种病菌寄主范围广泛，除槟榔外，能侵染椰子、油棕、杧果、凤凰木、水黄皮、木麻黄、山扁豆、罗望子、油柑和刺苞菊等。

2. 褐根病

病原菌为担子菌门层菌纲非褶菌目木层孔菌属的有害木层孔菌［*Phellinus noxius*（Corn.）G.H. Gunn］。子实体木质，无柄，半圆形，檐生，边缘略向上，呈锈褐色，下表面灰褐色，不平滑，密布小孔，是产生孢子的多孔层。担孢子卵圆形，单胞，深褐色，壁厚，大小为（3.2 ~ 4.1）μm ×（2.6 ~ 3.2）μm，有油滴。此菌除为害槟榔外，还能侵染橡胶树、茶树、咖啡、肉桂、三角枫、台湾相思、苦楝、木麻黄等植物。

3. 黑纹根病

病原菌为子囊菌门核菌纲球壳目焦菌属的炭色焦菌［*Ustulina deusta*（Hoffftm.et Fr.）Lind］。分生孢子梗短而不分支，无色，密集形成子实层。分生孢子顶生，单胞，无色，香瓜子形，大小为2.3 μm × 5.3 μm。有性态产生子囊果，黑色，球形，形成于块状的黑色炭质子座内。子囊棒形，内生8个子囊孢子，单行排列。子囊孢子单胞，褐色至黑色，大小为31.5 μm × 8.7 μm，呈香蕉形。此菌除为害槟榔外，还能为害橡胶树、茶树等植物。

四、发生规律

根病的最初侵染来源主要是由垦前林地已经染病的树桩或各种灌木等野生寄主传染。开垦时遗留下来的病根和病树桩，如没有彻底清除，种植槟榔后，槟榔根系与病组织接触，病组织上的菌丝、菌索和菌膜就能直接延伸到健康槟榔根上使其发病。其次，病树桩上的子实体产生的孢子，也可借风雨传播到槟榔的根颈上，从伤口侵入，引起植株发病。当个别或少量槟榔发病后，便形成了发病中心。发病中心的病根与周围健康植株的根系接触或病株产生的孢子再次侵染，就可使病区不断扩大。

根腐病发病条件为：①垦前林地染病杂树多，开垦时染病的树桩和树根没有清除干净，种植槟榔后容易引起发病。遗留下来的病树桩、树根越多，发病越严重；②槟榔园周围感病的野生寄主多，发病也较重；③失管荒芜、过度密植且排水不良的槟榔园易发生根病；④在土壤质地黏重、结构紧密、易板结、通气差的地方，根病发生较重；⑤高温高湿有利于孢子的传播和侵入，菌丝的生长和伸延也快。低温干燥不利病菌的蔓延。

五、附图

图1.39　槟榔根腐病发病症状
（刘柱　拍摄）

图1.40　发病根部变褐受损
（晏承梁　拍摄）

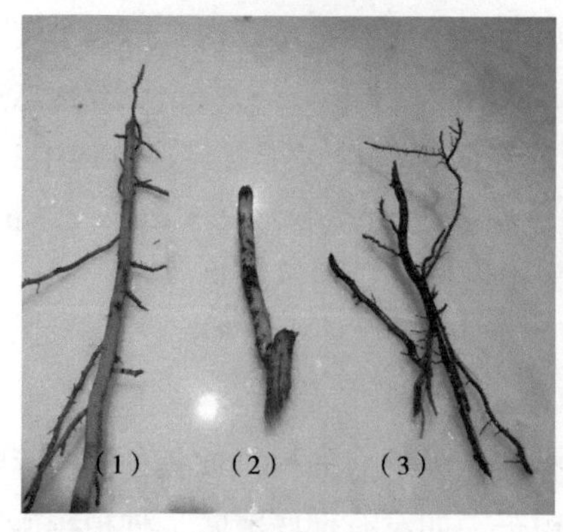

图1.41　不同感染程度病根组织
（晏承梁　拍摄）

图1.42　红根病菌担子果
（唐庆华　拍摄）

参考文献

陈云，覃妚英，吴兴飞，等，2014. 万宁市槟榔常见病虫害的防治[J]. 北京农业，30：153-154.

李增平，罗大全，王友祥，等，2006. 海南岛槟榔根部及茎部病害调查及病原鉴定[J]. 热带作物学报（3）：70-76.

李专，2011. 槟榔病虫害的研究进展[J]. 热带作物学报，32（10）：1982-1988.

谭魁孙，2019. 海南槟榔栽培技术要点及病虫的防治[J]. 农业科技通讯（8）：396-398.

谭乐和，2006. 海南槟榔生产的现状、问题及对策[J]. 海南大学学报（自然科学版）（1）：55-59.

杨连珍，刘小香，李增平，2018. 世界槟榔生产现状及生产技术研究[J]. 世界农业（7）：121-128.

余凤玉，朱辉，覃伟权，等，2008. 槟榔主要病害及其防治[J]. 中国南方果树（3）：54-56.

张余川，2018. 槟榔主要病虫害的防治措施探讨[J]. 农业科技通讯（9）：293-294.

张中润，高燕，黄伟坚，等，2019. 海南槟榔病虫害种类及其防控[J]. 热带农业科学，39（7）：62-67.

GAO Y X，LI H，MA X，TANG，et al.，2019. First report of *Cerrena unicolor* causing root rot of areca in China[J]. Plant Disease，103（11）：2954.

RAWTHER TSS，陈锦平，1987. 槟榔病害（上）[J]. 热带作物译丛（4）：19-24.

（刘柱、谢圣华、杨德洁）

第九节　槟榔泻血病

一、分布与为害

槟榔泻血病（Areca palm stem bleeding）是一种茎部真菌病害，该病在印度和中国均有发生。

二、田间症状

槟榔泻血病是一种比较常见的病害，该病与椰子泻血病症状相似，该病一般从人为或机械伤口侵染，主要为害槟榔茎基部（图1.43），从病灶处流出铁锈色液体（图1.44），以后逐渐变黑，受害树干病灶处组织呈黑色或偏黄褐色，逐渐腐烂形成一个洞穴，有黄色的液体渗出沿着内部茎秆向下，而从外面看不出来，内部组织腐烂（图1.45），久之呈中空状态，因病灶处纤维层解体有的出现裂缝，该病害可由基部逐渐向上扩展。该病如果不采取防治措施，发病植株在症状出现后3～5年内即死亡，阴雨潮湿天气适合该病发生流行。病菌也侵染槟榔花穗，造成湿腐，从而导致减产甚至绝收。

三、病原学

槟榔泻血病的病原为奇异根串珠霉菌（*Thielaviopsis paradoxa*）的有性型为奇异长喙壳菌（*Ceratocystis paradoxa*）。属子囊菌门（Ascomycota）子囊菌纲（Sordariomycetes）长喙霉科（Ceratocystidaceae）长喙壳属（*Ceratocystis*）真菌。

奇异根串珠霉菌在PDA培养基上生长迅速，菌落初期为白色，1～2 d后变为黑色（图1.46），且散发出强烈水果香味。该菌可产生2种无性孢子，一种为分生孢子（图1.47），无色至浅棕色圆柱形，大小为（6.9～14.9）μm×（3.1～6.0）μm；另一种为厚垣孢子（图1.48），棕褐色或黑色，卵圆形，大小为（7.9～19.4）μm×（4.6～11.0）μm。菌丝最适生长温度为25～35 ℃，5 ℃和40 ℃菌丝不再生长。

奇异根串珠霉菌［*Thielaviopsis paradoxa*（teleomorph = *Ceratocystis paradoxa*）］可为害许多棕榈植物，如椰子（*Cocos nucifera* L.）、酒瓶椰子（*Phoenix africanus*）、王棕（*Roystonea elata*）、油棕（*Elaeis guineensis*）、箬棕（*Sabal palmetto*）、长穗棕竹（*Rhapis* sp.）、金山葵（*Syagus romanzoffiana*）和华盛顿棕（*Washingtonia filifera*）等；随着棕榈科植物种植面积的增加，该病为害日益严重，在利比亚的幼龄种植园由该病造成的损失可达50%。不仅如此，还可为害香蕉、菠萝、甘蔗等重要热带亚热带经济作物，给生产带来重大经济损失。在印度的安德拉邦，由该菌引起的凤梨病发病率最高可达40%，严重影响菠萝的市场供应及加工生产。

四、发生规律

该病以菌丝体或厚垣孢子潜伏在带病的组织里或落在土壤中作为侵染源，

分生孢子易萌发，可通过空气灌溉水、农事操作和昆虫进行传播。李梅报道该病菌由土壤、种苗或其他病残体传播，不良的环境条件也会诱导该病的发生，如台风、低温、较长时间的阴雨天气时发病较重。一般，11月至翌年4月泻血病发生程度较高，温度在19～34 ℃时，病害发生增长最快，4月为发病高峰期，当温度低于10 ℃或高于35 ℃时能抑制病害的发生。

马铃薯葡萄糖琼脂培养基（PDA）最适合*C. paradoxa*菌丝生长和产孢；在以查氏琼脂培养基为基础培养基，果糖为碳源时最适合菌丝生长，而碳源是阿拉伯树胶粉时最适合产孢；氮源为磷酸氢二铵为最适合菌丝生长，以蛋白胨为氮源最适合产孢；2%蛋白胨对孢子萌发有促进作用，2%葡萄糖、2%蔗糖对孢子萌发有抑制作用；25～35 ℃适合菌丝生长和产孢，25 ℃最适合孢子萌发，温度低于5 ℃或高于40 ℃孢子不能萌发；pH值为4～11适合菌丝生长。pH值为7.0时产孢量最大，pH值为4.0时孢子萌发率最高；光照对菌丝生长及孢子萌发无显著影响，但有利于产孢，分生孢子致死温度为52 ℃，10 min。Rokibah等研究发现灌溉水的盐度对*C. paradoxa*引起得得枣椰焦枯病有影响，盐度越大发病越严重，因为分生孢子再相对高盐度的的情况下，产生的更多，更容易引起病害的发生蔓延。Wijesekara认为泻血病的分布也与水的盐度都关系，因为盐度高会损害细胞壁并导致植物组织生理活性变弱，病原菌更易入侵。

五、附图

图1.43　槟榔茎部症状（林兆威　拍摄）

图1.44　泻血症状局部放大（林兆威　拍摄）

图1.45　茎部组织内部腐烂（林兆威　拍摄）

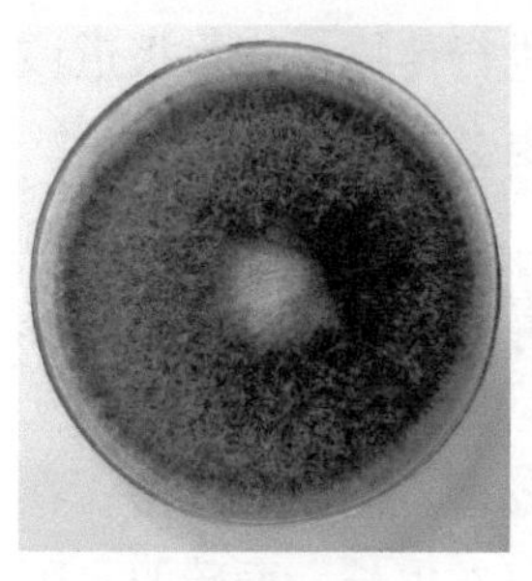

图1.46 菌落形态
（牛晓庆 拍摄）

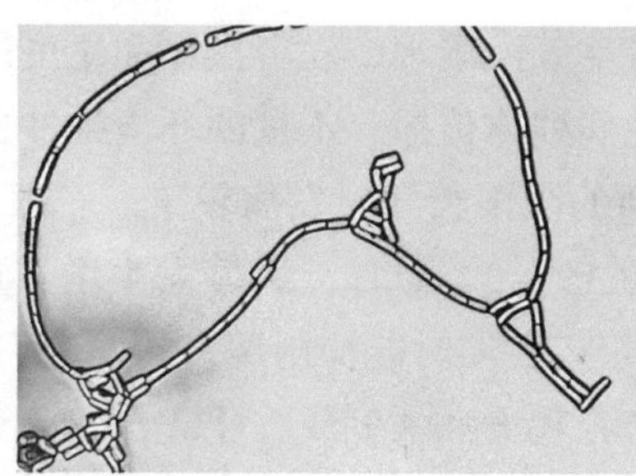

图1.47 分生孢子
（牛晓庆 拍摄）

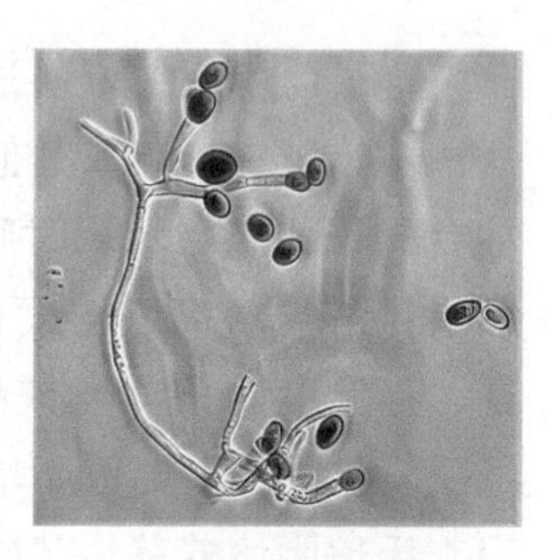

图1.48 厚垣孢子
（牛晓庆 拍摄）

参考文献

李梅，2003. 甘蔗主要病害的鉴别与防治[M]. 北京：中国农业出版社.

余凤玉，林春华，朱辉，等，2011. 椰子茎泻血病菌生物学特性研究[J]. 热带作物学报，32（6）：1122-1127.

余凤玉，张军，牛晓庆，等，2018. 椰子茎干腐烂病发生规律研究[J]. 中国热带农业（6）：43-47.

ALFIERI S A，1967. Stem bleeding disease of coconut palm，*Cocos nucifera* L.[J]. Plant Pathology Circle，53：250-251.

BACHILLER N C S J，ABAD R G，1998. Host rang and control studies of stem bleeding disease of coconut（*Cocos nucifera* L.）in the Philipines[J]. Journal of Crop Science，23（S1）：4.

CHASE A R，BROSSHAT T K，1991. Disease and disorders of ornamental plams[M]. Saint. Paul，Minnesota：American Phytopathological Society：30-32.

GAROFALO J F，MCMILLAN R T，2004. Thielaviopsis diseases of palms[J]. Proceedings of the Florida State Horticultural Society，117：324-325.

KLOTZ L J，FAWCETT H S，1932. Black scorch of the date palm caused by *Thielaviopsis paradoxa*[J]. Journal of agricultural research，44（2）：155-166.

LEACH B J，FOALE M A，ASHBURNER G R，2003. Some characteristics of wild and managed coconut palm populations and their environment in the Cocos（Keeling）Islands，Indian Ocean[J]. Genetic Resources and Crop Evolution，50：627-638.

ROKIBAH A，ABDALLA M Y，FAKHARANI Y M，1998. Effect of water salinity on *Thielaviopsis paradoxa and* growth of date palm seedlings[J]. Agriculture Science，10（1）：55-63.

SUNDARARAMAN S，1922. The coconut bleeding disease[J]. Pusa Agriculture Research Institute，127：8.

TANG Q H，NIU X Q，YU F Y，et al.，2014. First report pindo palm heart rot caused by *Ceratocystis paradoxa in* China[J]. Plant Disease，98（9）：1282.

WIJESEKARA H，RAJAPAKSE C N K，FERNANDO L C P，et al，1998. Stem bleeding inci-dence of coconut in Hambantota district[J]. Cocos，13：21-29.

YU F Y，NIU X Q，TANG Q H，et al.，2012. First report of stem bleeding in coconut caused by *Ceratocystis paradoxa in* Hainan，China[J]. Plant disease，96（2）：290.

（牛晓庆）

第十节 槟榔果腐病

一、分布与为害

槟榔果腐病（Areca fruit rot）主要为害槟榔未成熟果实，造成槟榔果腐烂和脱落，在海南主要槟榔种植区均有发生，个别管理不善的槟榔园炭疽病的发病率甚至达80%以上，严重影响槟榔生产。

二、田间症状

绿果感病时，果实出现凸起黄色病斑，后期黄色病斑出现破裂，部分严重感病槟榔果出现圆形或椭圆形、墨绿色病斑；熟果感病后出现近圆形、褐色、凹陷病斑，而后扩展至全果引起果实内分泌黏液。在高湿条件下，上述各感病部位产生褐色孢子堆。

三、病原学

槟榔果腐病病原为炭疽病菌（*Colletotrichum* sp.），无性态属半知菌类黑盘孢目刺盘孢属，有性态属子囊菌亚门小丛壳属。

四、发生规律

病菌以菌丝体、分生孢子盘在附着于寄主的残体上越冬，分生孢子借风雨传播到果实表面，分生孢子在水膜中萌发出芽管，从果实表面的由伤口或气孔或皮孔侵入引起侵染。高温和高湿有利于病菌的生长，气温23～28 ℃、相对湿度大于90%时有利于病害的扩展。

五、附图

图1.49　发病初期黄色凸起
（王洪星　拍摄）

图1.50　发病中期黄色凸起破裂
（王洪星　拍摄）

图1.51　发病后期果实流胶
（王洪星　拍摄）

图1.52　造成落果
（王洪星　拍摄）

参考文献

黄朝豪，狄榕，1984. 印度的槟榔病害综述[J]. 热带作物译丛（5）：43-46.
黄昭奋，谢柳，2009. 槟榔烂果病的病原菌鉴定[J]. 基因组学与应用生物学，28（6）：1101-1105.
余凤玉，朱辉，牛晓庆，等，2015. 槟榔炭疽菌生物学特性及6种杀菌剂对其抑制作用研究[J]. 中国南方果树，44（2）：77-80.
朱辉，余凤玉，覃伟权，等，2009. 海南省槟榔主要病害调查研究[J]. 江西农业学报，21（10）：81-85，89.

（黄惜、翟金玲、王洪星）

第十一节 槟榔芽腐病

一、分布与为害

槟榔芽腐病（Areca bud rot）主要为害为害心叶、生长点。病株顶芽变褐腐烂，心叶萎蔫，外层叶片保持绿色；随后叶片全部变黄，变褐枯死下垂，脱落，整株死亡。

二、田间症状

感病的心叶轴最初发黄，后变褐下垂，心叶幼嫩组织腐烂，有臭味，造成芽腐症状，受害心叶很容易拔起。外围叶片变黄下垂，枯萎脱落。病原菌可沿着槟榔茎干向下侵染，严重的可导致树冠腐烂脱落，最后植株死亡，剩下光秃的树干。

三、病原学

槟榔果腐病由卵菌门卵菌纲霜霉目疫霉属的槟榔疫霉［*Phytophthora arecae*（coleman）Pethybridg］引起病原菌的孢子囊为椭圆形、倒梨形或近球形，顶端具半球形乳头状凸起。

四、发生规律

病菌以卵孢子在病组织和落地病果上越冬，条件适宜时产生游动孢子借风雨传播到果实表面，游动孢子在水膜中萌发出芽管，从果实表面的气孔侵入引起侵染。低温和高湿有利于病菌的生长，气温23～28 ℃、相对湿度大于90%时有利于病害的扩展。台风雨季节病害易流行。

五、附图

图1.53　发病初期叶片垂并发生黄化（李增平　拍摄）

图1.54　发病中期槟榔树冠叶片大部枯死（李增平　拍摄）

图1.55　发病后期整株枯死（李增平　拍摄）

图1.56　心部积水后造成芽腐（李增平　拍摄）

参考文献

陈慧，2005. 槟榔芽腐病[J]. 世界热带农业信息（3）：25-26.
黄华庆，林应枢，徐炜，1998. 棕榈科植物芽腐病防治[J]. 广东园林（1）：36-37.
李增平，罗大全，2007. 槟榔病虫害田间诊断图谱[M]. 北京：中国农业出版社.
谢木发，1999. 椰子树芽腐病及防治[J]. 广东园林（2）：40-41.

（黄惜、翟金玲、王洪星）

第十二节 槟榔拟茎点霉叶斑病

一、分布与为害

槟榔拟茎点霉叶斑病（Areca phomopsis leaf spot）在印度槟榔种植园此病发病率高，几乎所有树龄的植株均会感染。海南各槟榔园均有此病发生，为槟榔主要病害之一，各龄槟榔树均可受害，通常幼苗受害较严重。

二、田间症状

槟榔拟茎点霉叶斑病为害叶片，起初叶片的症状为褪绿的小黄斑点，随着病斑的扩展，病斑中部为褐色并伴有黄色晕圈，椭圆形或不规则形的病斑。随着病斑不断的扩展，病斑内部黑色，中间深灰白色，边缘浅棕色并伴有黄色晕圈，病斑上有黑色小点。最终，坏死点扩大，逐渐变灰白色，然后合并形成更大的坏死区域。

三、病原学

槟榔拟茎点霉叶斑病病原的无性世态为*Phomopsis palmicola*，属半知菌类腔孢纲球壳目拟茎点霉属；其有性态有*Diaporthe limonicola*，属子囊菌门子囊菌纲间座壳目间座壳属。

四、发生规律

在杂草较多，失管荒芜，透光通风不良，湿度较大的槟榔园易发生。在幼龄槟榔园，发病也比较严重。

五、附图

图1.57　田间症状
（谢昌平　拍摄）

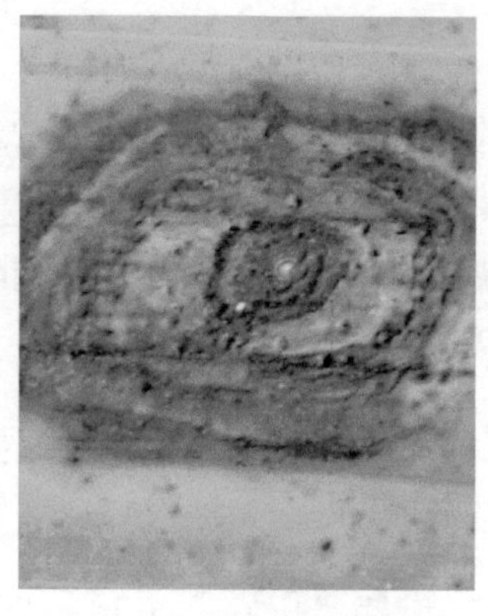

图1.58　病斑上的小黑点
（谢昌平　拍摄）

图1.59　田间症状后期
（谢昌平　拍摄）

参考文献

李增平，罗大全，2007. 槟榔病虫害田间诊断图谱[M]. 北京：中国农业出版社.

李增平，郑服丛，2015. 热带作物病理学[M]. 北京：中国农业出版社.

XU G，QIU F，LI X，et al.，2020. *Diaporthe limonicola* causing leaf spot disease on *Areca catechu* in China[J]. Plant Disease，104（6）：1869.

（郑丽、谢昌平、刘文波）

第十三节　槟榔弯孢霉叶斑病

一、分布与为害

槟榔弯孢霉叶斑病（Areca curvularia leaf spot）主要为害叶片，在海南零星发生，为海南槟榔次要病害。

二、田间症状

初期症状为叶片上出现褐色小点，后期扩展为大小不等的不规则形或椭圆形褐斑，周围伴有黄色晕圈，边缘有暗褐色坏死线，发病严重时，病斑面积不断扩大，多个病斑汇合后引起槟榔叶片大面积枯死。在湿度较大条件下，发病叶片表面会产孢。

三、病原学

病原为*Curvularia pseudobrachyspora*，属半知菌类（Fungi Imperfestrainrti）从梗孢目（Moniliales）暗梗孢科（Dematiaceae）多孢亚科（Phragmosporoideae）弯孢霉属（*Curvularia* Boedijn）。病原菌在PDA培养基上的菌落形态呈圆形，不透明，边缘整齐，绒毛状，菌丝紧密，生长旺盛，气生菌丝灰白色，菌落上有明显的同心轮纹。分生孢子近纺锤形，大多具有3个隔膜，两端大小不均匀，中间1～2个细胞特别膨大、颜色深，两端细胞小、颜色较浅，分生孢子梗顶端呈屈膝状弯曲，分生孢子以点聚生方式着生于分生孢子梗上。

四、发生规律

弯孢属叶斑病属高温、高湿性病害，高温和高湿的协同作用可以促使该病发展和流行，持续干旱不利于该病的流行与发展，一般降水多、湿度大、温度高发病重。

五、附图

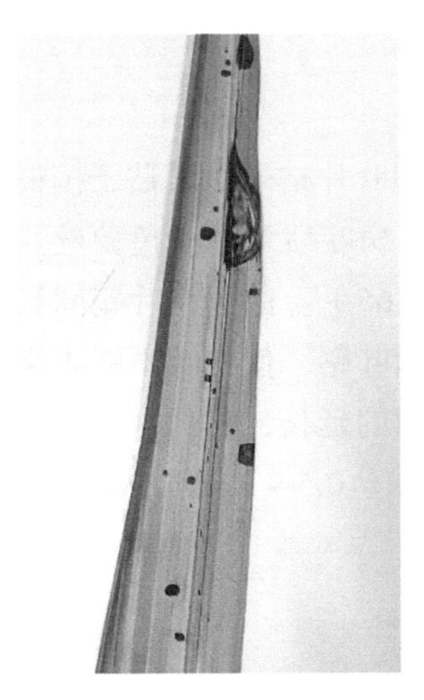

图1.60　发病初期
（王洪星　拍摄）

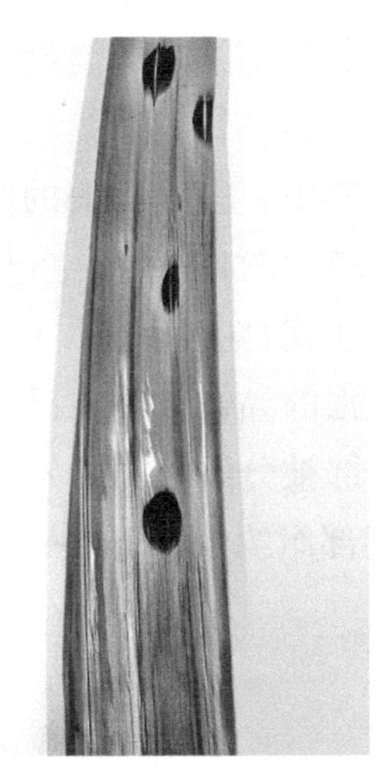

图1.61　发病中期
（王洪星　拍摄）

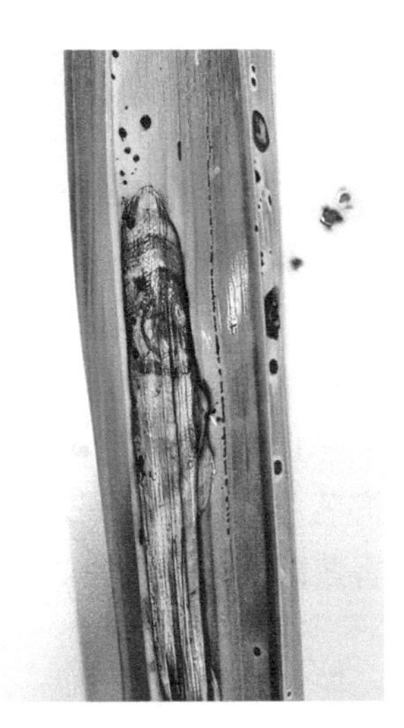

图1.62　发病后期
（王洪星　拍摄）

参考文献

贾凤娇，2007. 狗牙根弯孢霉叶斑病的病原学研究[D]. 武汉：华中农业大学.
林石明，1991. 槟榔叶斑类真菌病害[J]. 热带作物研究（2）：44-48.
张猛，谢桂英，2007. 禾本科植物上的弯孢属真菌[J]. 河南农业科学（11）：58-60.
WANG H，XU L，ZHANG Z，et al.，2019. First Report of *Curvularia pseudobrachyspora* causing leaf spots in *Areca catechu* in China[J]. Plant disease，103（1）：150.

（黄惜、翟金玲、王洪星）

第十四节　槟榔鞘腐病

一、分布与为害

槟榔鞘腐病（Areca sheath rot）在管理较差的槟榔园发病率为3% ~ 10%。此病在其他棕榈科植物如大王椰子上也较为常见。一般情况下病害不会造成植株的整株死亡，但一定程度上影响了植株的正常生长，同时也会对植株茎干造成一定程度的破坏。

二、田间症状

主要为害槟榔的叶鞘和茎干，发病槟榔的叶鞘和叶片枯死后紧贴于槟榔树干上，不能正常脱落（图1.63 ~ 图1.66），撕开枯死病叶后可见白色菌丝。多雨潮湿季节在病部长出伞形子实体（担子果）（图1.65）。由于在叶鞘间长有大量病菌菌丝，菌丝具有较强的黏性，黏住已干枯的叶鞘，使枯叶不能正常脱落，一直包在茎干上直到全部被分解。随着发病时间的延长，病部深层菌丝在槟榔茎部向纵深扩展，使茎部组织纵向开裂，形成深达0.5 ~ 2 mm的纵裂缝，受害茎部表皮变粗糙。

三、病原学

病原为担子菌门层菌纲伞菌目微皮伞菌［*Marasmiellus candidus*（Bolt.）Sing］，是一种弱寄生的木腐菌。子实体群生，单生或散生，初期伞形，后平展，膜质，纯白色，菌盖直径0.3～1.7 cm，宽0.4～3.5 cm。菌柄（0.1～10）mm×（1～2）mm；菌肉薄，白色，菌褶稀疏，不规则排列。

四、发生规律

此病通常发生于荒芜失管、通风透光不良、荫蔽潮湿的槟榔园，以3～5年生的槟榔最易受害。

五、附图

图1.63 槟榔鞘腐病发病症状（朱辉 拍摄）

图1.64 槟榔鞘腐病发病症状（陈仁强 拍摄）

图1.65 槟榔鞘腐病发病症状（陈仁强 拍摄）

图1.66 发病叶鞘长出白色子实体（朱辉 拍摄）

参考文献

李增平，罗大全，2007. 槟榔病虫害田间诊断图谱[M]. 北京：中国农业出版社：42-44.

李增平，郑服丛，2015. 热带植物病理学[M]. 北京：中国农业出版社.

张中润，高燕，黄伟坚，等，2019. 海南槟榔病虫害种类及其防控[J]. 热带农业科学，39（7）：62-67.

朱辉，余凤玉，覃伟权，等，2009. 海南省槟榔主要病害调查研究[J]. 江西农业学报，21（10）：81-85，89.

（孟秀利）

第十五节　槟榔裂褶菌茎腐病

一、分布与为害

槟榔裂褶菌茎腐病（Areca Schizophyllum stem rot）症状表现为植株茎干遭受日灼、机械损伤或虫害后，一些病原木腐菌的孢子落到伤口上侵入，定殖扩展后引进茎干组织腐烂，严重时造成整株枯死。

二、田间症状

病害发生于槟榔地面约1～1.5 m高的受伤茎干上（图1.67）或有伤口的叶柄上，受害部位先变褐色坏死，病株长势逐渐衰弱，受害叶片枯死；多雨季节在发病部位长出白色至灰白色的扇形（裂褶菌）、檐状（非褶菌目木腐菌）的子实体（图1.68）。

三、病原学

病原为担子菌门层菌纲伞菌目裂褶菌属的裂褶菌*Schizophyllum commune* Fr. 病菌子实体散生或群生于茎干或叶柄的表面，扇形，上披绒毛，边缘向下向内卷曲，具多数裂瓣，质地坚韧，初期白色，后期变灰白色。菌盖直径1.1～2.3 cm，宽0.6～3.7 cm。另外，担子菌门层菌纲非褶菌目的几种木腐菌也能侵染槟榔受伤的茎干引起相似的症状。

四、发生规律

病害仅在个别管理较差或者管理不当的槟榔园内零星发生，病菌为弱寄生的木腐菌类，通常在槟榔茎干、叶柄受到严重人为烧伤或太阳灼伤的情况下，病菌最易从伤口处侵入为害。

五、附图

图1.67　受害植株长出子实体
（林兆威　拍摄）

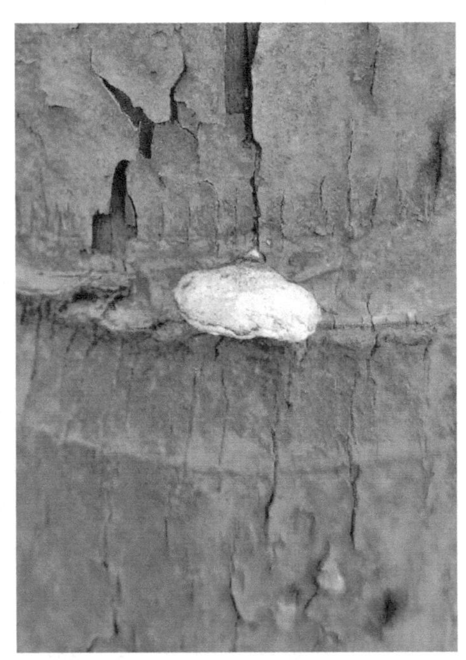

图1.68　子实体放大照
（林兆威　拍摄）

参考文献

李增平，罗大全，2007. 槟榔病虫害田间诊断图谱[M]. 北京：中国农业出版社：45-48.

李增平，郑服丛，2015. 热带作物病理学[M]. 北京：中国农业出版社：159-160.

（孟秀利）

第十六节　槟榔藻斑病

一、分布与为害

槟榔藻斑病（Areca algal spot）是国内槟榔园中较为常见的病害，在海南省琼海市、万宁市、三亚市、保亭县及琼中县等均有发生。该病主要为害槟榔树干（图1.69）、叶柄（图1.71）、叶鞘（图1.71）、果实（图1.72）和叶片（图1.73～图1.74）的表皮层，在茎干和叶鞘上的病斑较多而密集，为害较轻，一般不会造成整株死亡，但严重时会影响树体的生长势，对槟榔产量造成一定的影响。

二、田间症状

叶片病斑近圆形，中间凹，发病初期有黄色软圈，病斑直径0.3～0.8 cm，深褐色，稍突起，其上有黄褐色毛毡状物（图1.70）。当病斑密集时，通常汇聚成不规则形状的大病斑（图1.74、图1.78）。

三、病原学

该病的病原为一种弱寄生绿藻绿色头孢藻（*Cephaleuros virescens* Kunze），属植物界（Kingdom Plantae）绿藻门（Chlorophyta）橘子藻目（Trentepohliales）头孢藻属（*Cephaleuros*）。病部的毛毡状物为藻类的营养体，后期病部长出的毛状物是孢子囊梗和孢子囊；梗顶端膨大，其上生8～12个小梗，每个小便顶生一个卵形孢子囊，橙黄褐色，大小（14～20）μm×（16～24）μm，成熟后脱落，遇水释放出侧生双鞭毛、椭圆形、无色的游动孢子。

四、发生规律

该病的发生同植株本身生长条件和外界环境因子密切相关。寄主生长不良，栽培管理不善，如土壤贫瘠、杂草丛生、地势低洼、阴湿或过度密植、通风不良、干旱或水涝的条件下，寄主易受侵染，发病较重；外界环境潮湿闷热、降雨频繁有利于病害发生和蔓延。寄生藻以营养体在寄主组织上度过不良环境，在条件适宜、叶面有水膜时，孢子囊释放出游动孢子，游动孢子可从气孔等自然孔口侵入，并通过风雨传播。绿色头孢藻寄主范围较广，除槟榔外，还可为害可可、柑橘、丁香、胡椒、番石榴、茶、橡胶、杧果、玉兰、桂花等植物。

五、附图

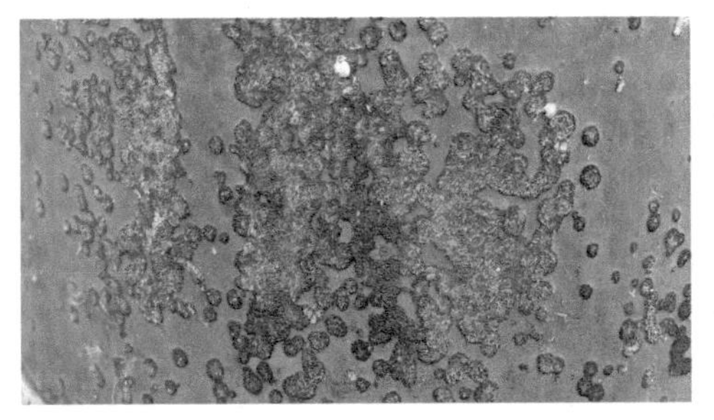

图1.69　茎干受害症状（唐庆华　拍摄）

图1.70　叶柄受害症状（唐庆华　拍摄）

图1.71　叶鞘受害症状（唐庆华　拍摄）

图1.72　槟榔果受害症状（朱辉　拍摄）

图1.73　叶片正面发病症状（唐庆华　拍摄）

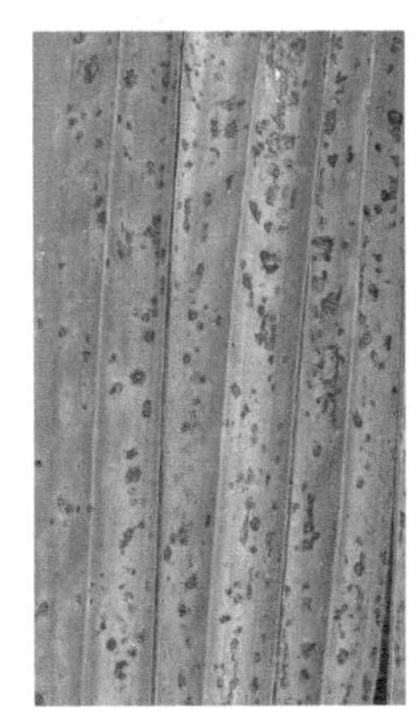

图1.74　叶片背面发病症状（唐庆华　拍摄）

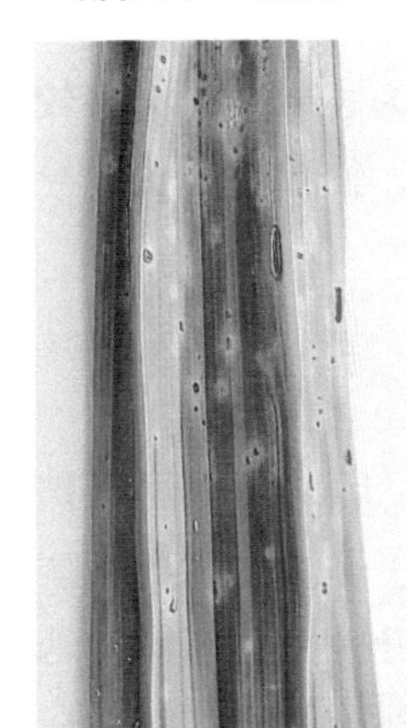

图1.75　叶片正面发病症状（唐庆华　拍摄）

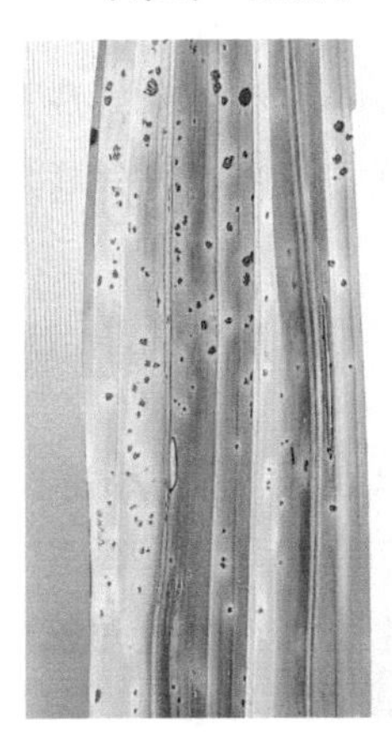

图1.76　叶片背面发病症状（唐庆华　拍摄）

图1.77　后期发病症状（唐庆华　拍摄）

图1.78　后期发病症状（唐庆华　拍摄）

参考文献

李增平，罗大全，王友祥，等，2006. 海南岛槟榔根部及茎部病害调查及病原鉴定[J]. 热带作物学报，27（3）：70-76.

李专，2011. 槟榔病虫害的研究进展[J]. 热带作物学报，32（10）：1982-1988.

刘丽，张亮，阎伟，等，2018. 海南省琼中县林业有害生物种类、分布及危害情况调查[J]. 热带农业科学，38（7）：67-71.

余凤玉，朱辉，覃伟权，等，2008. 槟榔主要病害及其防治[J]. 中国南方果树，37（3）：54-56.

朱辉，余凤玉，覃伟权，等，2009. 海南省槟榔主要病害调查研究[J]. 江西农业学报，21（10）：81-85，89.

张中润，高燕，黄伟坚，等，2019. 海南槟榔病虫害种类及其防控[J]. 热带农业科学，39（7）：62-67.

（林兆威）

第十七节　槟榔煤烟病

一、分布与为害

槟榔煤烟病（又称煤污病，Areca sooty mold）是槟榔园中常见的病害，在海南省各市县均有发生。该病主要为害叶片和叶鞘，少数为害果实，为害较轻，受侵染的叶片往往因煤烟层阻碍槟榔叶片正常光合作用，使叶片变黄，导致植株生长势减弱，降低产量。

二、田间症状

该病发病初期，感染叶片上形成煤烟状、圆形小霉斑，后期病斑逐渐扩大，相互连接，使受害部位覆盖一层煤烟状的黑霉（图1.79），绒状，即为病原菌的菌丝体和分生孢子，用手擦可成片脱落。严重时整个叶片几乎布满煤烟状霉层，病斑老化或天气干燥时煤粉层呈黑色薄纸状，易剥落（图1.80）。在病斑周围常伴有介体昆虫的出现（图1.81、图1.82）。

三、病原学

据国内外报道，引起槟榔煤烟病的病原有多种，较常见的有煤炱菌属（*Capnodium* sp.）、链格孢属（*Alternaria* sp.）和小煤炱菌属（*Meliola* sp.）真菌等，以上病原常可复合侵染，共同造成为害。

煤炱菌属子囊菌门腔菌纲座囊菌目煤炱菌属真菌。菌丝体绒毛状，由圆形细胞组成。子囊座无刚毛，表面光滑，或有菌丝状附属丝。子囊孢子具纵横隔膜，砖格形，多胞，褐色。

链格孢菌属半知菌类丝孢纲丝孢目链格孢属真菌。分生孢子梗单生或数根束生，暗褐色；分生孢子倒棒形，褐色或青褐色，3～6个串生，有纵隔膜1～2个，横隔3～4个，横隔处有缢缩现象。

小煤炱菌属子囊菌门核菌纲小煤炱目小煤炱菌属真菌。病菌菌丝表生、黑色，菌丝细胞两旁长出许多附着于寄主表面的附着枝及刚毛。子囊果球形，无孔口，后期不规则破裂放出子囊，子囊束生，数目少，囊内含椭圆形，暗褐色，多胞的子囊孢子。

四、发生规律

病原菌以菌丝体、分生孢子及子囊孢子作为初侵染源，在外界环境条件适宜时开始侵染活动。分生孢子可借气流、雨水和昆虫传播，造成重复侵染。当槟榔叶片表面有蚜虫、介壳虫、黑刺粉虱等的分泌物时，病原菌即可在其上面生长繁殖。凡管理粗放、通风不良、荫蔽潮湿、虫害严重的槟榔园，均有利于此病的发生。

五、附图

图1.79　幼龄槟榔受害状（唐庆华　拍摄）

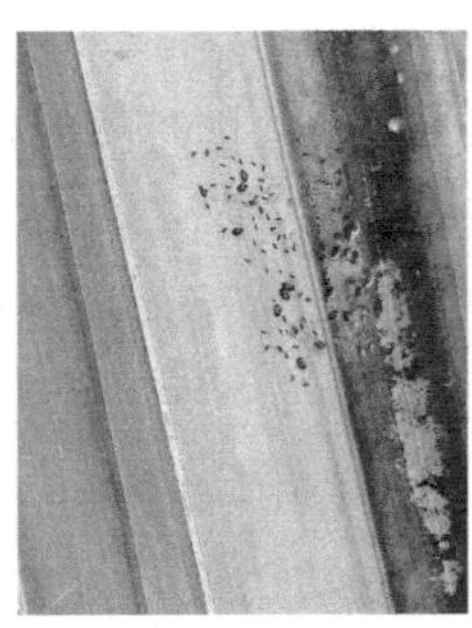

图1.80　叶片上煤粉层脱落（林兆威　拍摄）

图1.81　霉斑及介体昆虫（林兆威　拍摄）

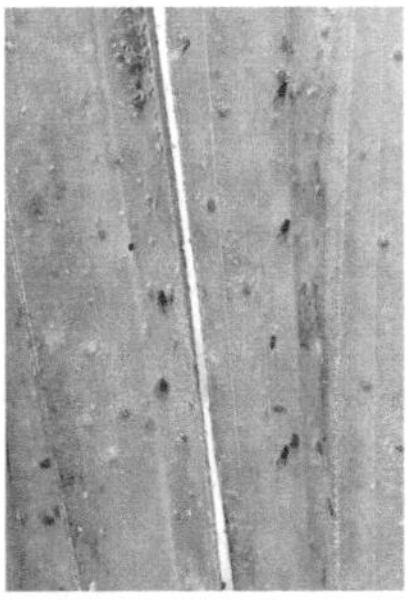

图1.82　煤烟病及介体蚜虫（唐庆华　拍摄）

参考文献

李增平，罗大全，王友祥，等，2006. 海南岛槟榔根部及茎部病害调查及病原鉴定[J]. 热带作物学报，27（3）：70-76.

李增平，罗大全，2007. 槟榔病虫害田间诊断图谱[M]. 北京：中国农业出版社：1-62.

李增平，郑服丛，2015. 热带植物病理学[M]. 北京：中国农业出版社.

李专，2011. 槟榔病虫害的研究进展[J]. 热带作物学报，32（10）：1982-1988.

刘丽，张亮，阎伟，等，2018. 海南省琼中县林业有害生物种类、分布及危害情况调查[J]. 热带农业科学，38（7）：67-71.

余凤玉，朱辉，覃伟权，等，2008. 槟榔主要病害及其防治[J]. 中国南方果树，37（3）：54-56.

张中润，高燕，黄伟坚，等，2019. 海南槟榔病虫害种类及其防控[J]. 热带农业科学，39（7）：62-67.

朱辉，余凤玉，覃伟权，等，2009. 海南省槟榔主要病害调查研究[J]. 江西农业学报，21（10）：81-85，89.

（林兆威）

第十八节　槟榔次要或不常见病害

除了上述主要病害，国内外文献曾记录槟榔叶枯病（Areca leaf blight）在印度和中国屯昌一度发生较重，然而最近10年调查结果显示并未发现该病，可能是气候因素变化以及人工管理加强等原因。槟榔叶枯病又称褐斑病、斑点病。在印度喀拉拉邦，此病发病率高，几乎所有树龄的植株均会感染，4龄以下的槟榔发病率为17%，4～10龄的槟榔园发病率为23%，10龄以上槟榔园发病率为14%。李增平等在《槟榔病虫害田间诊断图谱》中记录海南各槟榔园均有此病发生，为槟榔主要病害之一，各龄槟榔树均可受害，通常幼苗受害较严重。1982年海南省屯昌县某农场的45万株幼苗发病率53.3%，死亡率13.2%，重病区幼苗发病率可达80%～100%，造成幼苗连片死亡，严重影响苗木生长和成活。幼树和结果树受害后，叶斑累累，重病叶枯萎脱落。此外，海南省槟榔园中尚存在一些次要或不常见病害，见表1.2。

表1.2 槟榔次要或不常见病害

病害名称	病原拉丁名	症状	发病规律
槟榔叶疫病	*Pestalotopsis palmarum* Cooke	病斑多出现在叶尖和叶缘，初为褐色小斑点，后扩大为不规则形的灰褐色大斑块，最大病斑10 cm × 12 cm，病部中央灰白色，其上生许多小黑点（病菌分生孢子盘）	病菌在病组织内越冬。栽培管理差、湿度大，发病重
槟榔蠕孢霉叶斑病	*Helminthosporium microsorum* D. Sacc	病斑穿透叶片两面，近圆形，直径2 ~ 8 mm。边缘深褐色，中央灰褐色，病斑边缘具浅褐色环带，外圈呈水渍状，潮湿条件下病斑上长有褐色霉层	冷凉、高湿有利于发病。不合理施肥发病重
槟榔链格孢叶斑病	*Alternaria tenuis* Auct	叶片呈现近圆形或椭圆形、淡绿色至黄褐色病斑，后期变为深褐色，病斑扩展后使叶片干枯脱落	主要为害苗圃幼苗
槟榔根颈腐烂病	*Fusarium* sp.	槟榔的根、茎基部受害后，被害植株树冠呈失水状快速凋萎，剖开病株木质部，可见维管束均变褐坏死。病根皮层腐烂脱落，在潮湿的发病条件下病部长出一层薄霉	土壤中病菌孢子从槟榔根茎伤口处侵入，引起植株发病
槟榔叶枯病	*Phystica aecae* Diedecke	主要为害叶片，病菌多从叶尖、叶缘侵入，逐渐向叶基扩展。发病初期，叶片上出现圆形、黑褐色小点，继而扩展为直径1 ~ 5 cm的椭圆形或不规则形病斑，病斑边缘暗褐色，中央灰褐或灰白色，具明显的同心轮纹并散生许多小黑点（病菌分生孢子器），外围有水渍状、暗绿色晕圈。发病严重时病斑汇合成为长条形大斑，大病斑可长达21.5 cm，宽4.5 cm，遍及半张小叶，引起叶片干枯纵裂	病菌以分生孢子器和菌丝在病组织上越冬，田间病株及其残体为其主要侵染来源。翌年在适宜条件下病菌产生分生孢子，借风雨传播到健株上，然后孢子萌发产生芽管，从伤口和自然孔口侵入引起发病，而后重复侵染不断发生。发病条件：冷凉、高湿有利于发病；菌量大发病重；不合理施肥发病重
槟榔线疫病	*Corticium salmonicolor* Berk et Br.	在槟榔茎基部和表层暴露的须根表面呈现白色菌丝和菌索	湿度大、管理差易发病
可可球二孢菌	*Botryodiplodia theohromae*	在人工接种条件下致病力比炭疽菌强	有待进一步研究

参考文献

李增平，罗大全，2007. 槟榔病虫害田间诊断图谱[M]. 北京：中国农业出版社：1-62.

李增平，郑服丛，2015. 热带植物病理学[M]. 北京：中国农业出版社：179-181.

莫景瑜，符永刚，郑奋，等，2008. 文昌市槟榔主要病虫害的发生危害与防治[J]. 南方农业（31）：30-31，40.

彭友良，王文明，陈学伟，2019. 中国植物病理学会2019年学术年会论文集[C]. 北京：中国农业科学技术出版社：163.

张中润，高燕，黄伟坚，2019. 海南槟榔病虫害种类及其防控[J]. 热带农业科学，39（7）：62-67.

朱辉，余凤玉，覃伟权，等，2009. 海南省槟榔主要病害调查研究[J]. 江西农业学报，21（10）：81-85，89.

BALASIMHA D，RAJAGOPAL V，2004. Arecanut[M]. Mangalore：Karavali Colour Cartons Ltd.

（刘双龙、刘华伟）

补充参考文献*

车海彦，2010. 海南省植原体病害多样性调查及槟榔黄化病植原体的分子检测技术研究[D]. 杨陵：西北农林科技大学.

车海彦，罗大全，2006. 植原体病害的检测方法研究进展[J]. 华南热带农业大学学报，12（3）：69-73.

陈万权，2020. 植物健康与病虫害防控[C]. 北京：中国农业科学技术出版社.

丁晓军，唐庆华，严静，等，2014. 中国槟榔产业中的病虫害现状及面临的主要问题[J]. 中国农学通报，30（7）：246-253.

范海阔，刘立云，余凤玉，等，2008. 槟榔黄化病的发生及综合防控[J]. 中国南方果树，37（2）：42-43.

---

* 本章第一节仅附录了中印两国槟榔黄化病方面的主要文献。由于对槟榔黄化病的研究及探讨较多，同时国内外尚有一些非常重要的关于植原体方面重要的文章或著作，现补充于此供相关研究人员参考。

范海阔，覃伟权，黄丽云，等，2007. 槟榔黄化病研究现状与进展[J]. 中国热带农业（2）：29-31.

李增平，罗大全，王友祥，等，2006. 海南岛槟榔根部及茎部病害调查及病原鉴定[J]. 热带作物学报，27（3）：70-76.

罗大全，2007. 海南槟榔黄化病研究现状[J]. 世界热带农业信息（6）：24-26.

罗大全，陈慕容，叶沙冰，等，2001. 海南槟榔黄化病的病原鉴定研究[J]. 热带作物学报，22（2）：43-46.

罗大全，陈慕容，叶沙冰，等，2002. 多聚酶链式反应检测海南槟榔黄化病[J]. 热带农业科学，22（6）：13-16.

秦海棠，范海阔，高军，等，2008. 致死性黄化病对棕榈植物的影响及其预防[J]. 中国热带农业（5）：51-52.

唐庆华，朱辉，余凤玉，等，2011. 植原体基因组学研究进展[J]. 江西农业大学学报，33（增刊）：1-9.

周亚奎，杨云，隋春，等，2010. 槟榔黄化病组织RNA提取方法的比较[J]. 生物技术通报（8）：153-156.

DICKINSON M，HODGETTS J，2013. Phytoplasma：methods and protocols（Methods in Molecular Biology）[M]. New York：Humana/Springer.

ELISKAR C E，WILSON C I，1981. Yellows disease of trees in Mycoplasma diseases of trees and shrubs[M]. New York：Academic Press.

GEORGE MV，MATHEW J，NAGARAJ B，1981. Indexing the yellow leaf disease of arecanut[J]. Journal of Plantation Crops，8（2）：82-85.

KAMINSKA M，SILWA H，2003. Effect of antibiotics on the sympotoms of stunting disease of Magnolia liliiflora plants[J]. Journal of Phytopathology，151：59-63.

MAEJIMA K，OSHIMA K，NAMBA S，2014. Exploring the phytoplasmas，plant pathogenic bacteria[J]. Journal of General Plant Pathology，80（3）：210-221.

（唐庆华、宋薇薇）

第二章 槟榔主要害虫

近年来，槟榔虫害问题也比较突出，呈现逐渐扩散加重为害趋势。我们于2018—2019年对文昌、琼海、万宁、三亚、保亭、屯昌、定安和儋州8个市县槟榔园害虫进行了系统调查，共发现害虫27种，其中刺吸氏口器昆虫21种（类）（表2.1）。调查发现海南槟榔种植区常见害虫有椰心叶甲、红脉穗螟、黑刺粉虱、双钩巢粉虱等18种害虫。上述害虫对槟榔为害轻重、分布差异很大。首先，对槟榔造成直接为害的主要害虫有椰心叶甲和红脉穗螟，尤其是椰心叶甲在陵水、万宁、琼海、文昌等市县广泛发生，为害面积大、发生严重，是生产中为害最大的害虫。2020年，我们对全省16市县进行了调查，发现椰心叶甲为害面积达3.18万hm^2，占全省槟榔种植面积的25.02%。其次，生产上一些刺吸氏口器昆虫（如长尾粉蚧、甘蔗斑袖蜡蝉、黑刺粉虱）尽管本身对槟榔为害不大，但巢式PCR检测发现7种昆虫体内携带槟榔黄化植原体，2种昆虫携带槟榔隐症病毒（APV1），可能传播槟榔黄化关键病害——槟榔黄化病或槟榔隐症病毒病，因此，需要加大媒介昆虫性质、防控技术研究。需要注意的是我们发现槟榔园存在3种以上的蓟马（图2.1）。这些蓟马取食槟榔汁液造成直接伤害，更重要的是我们在其中一种蓟马体内检测槟榔黄化植原体，该虫是否为槟榔黄化病的媒介昆虫尚待进一步研究。最后，红棕象甲等一些对槟榔为害较轻或不常见害虫实际上是椰子、霸王棕等棕榈科植物重要害虫，常对寄主植物造成严重伤害甚至死亡，故需要加强控制。

表2.1　槟榔园刺吸氏口器昆虫种类及分布

序号	中文名	拉丁学名	分布
1	黑刺粉虱	*Aleurocanthus spiniferus* Quaintanca	王五、南山村、抱前村、那会村、中廖、南滨农场、南田农场、龙滚、兰洋、兴隆、万城、大茂、长丰、塔洋、长坡、椰林、清澜、长坡、南阳、昌酒、龙楼、阳江、龙河、枫木、南吕、屯郊、坡寨

（续表）

序号	中文名	拉丁学名	分布
2	双钩巢粉虱	*Paraleyrodes pseudonaranjae* Martin	王五、龙滚、南滨农场、响水、南林乡、新村、雨水岭农场、南坤大朗、村仔、中建、南吕东岭、西昌、塔洋、清澜、长坡、南阳、龙楼、阳江、龙河、枫木、南吕、屯郊、坡寨
3	螺旋粉虱	*Aleurodicus dispersus* Russell	塔洋、清澜
4	刺粉虱	*Aleurocanthus* spp.（待鉴定）	抱前村、南滨农场、南田农场、兰洋、兴隆
5	粉背刺粉虱	*Aleurocanthus inceratus*	龙河、枫木、屯郊
6	介壳虫	Hemiptera：Coccoidea（待鉴定）	南山村、抱前村、那会村、中廖、龙滚
7	椰圆蚧	*Aspidiotus destructor* Signoret	雨水岭农场、南坤大朗、村仔、中建、南吕、屯郊、兰洋、万城、塔洋、长坡、阳江、龙河
8	矢尖蚧	*Unaspis yanonensis* Kuwana	南山村、抱前村、兴隆、长坡、椰林、昌酒、屯郊
9	褐色圆盾蚧	*Chrysomphalus aonidum*	龙滚、响水、南林乡、新村、雨水岭农场、村仔、南吕东岭、阳江、枫木、屯郊
10	银毛吹棉蚧	*Icerya seychellarum* Westwood	枫木、阳江、龙河
11	白盾蚧	*Pseudaulacaspis pentagona*	龙滚、龙河、枫木、南吕、屯郊
12	木槿曼粉蚧	*Maconellicoccus hirsutus*（疑似，待鉴定）	南山村、南滨农场、南阳、昌酒、龙楼
13	蜡蚧	*Ceroplastes* spp.（待鉴定）	南阳、昌酒、枫木
14	粉蚧1	*Pseudococcus* spp.（待鉴定）	椰林、长坡、龙楼、龙滚、阳江、龙河、枫木、南吕、屯郊
15	粉蚧2	*Pseudococcus* spp.（待鉴定）	椰林、长坡、龙楼、龙滚、阳江、龙河、枫木、南吕、屯郊
16	香蕉冠网蝽	*Stephanitis typical*	南阳

（续表）

序号	中文名	拉丁学名	分布
17	离斑棉红蝽	*Dysdercus decussatus*	嘉积、王五、塔洋、长坡、椰林
18	棉红蝽	*Dysdercus cingulatus*	王五、中廖、南滨农场、南田农场、龙滚、兰洋
19	甘蔗斑袖蜡	*Proutista moesta*（Westwood）	清澜
20	椰子坚蚜	*Cerataphis lataniae*	长坡、大茂、南阳、龙楼、枫木、南吕
21	蓟马①	3种，待鉴定	保亭、万宁等市县

① 蓟马属于锉吸式口器。

图2.1 一种为害槟榔的蓟马（吕朝军 拍摄）

参考文献

黄山春，马子龙，吕烈标，等，2008. 海南槟榔种植地区红脉穗螟发生为害特点及其防治对策[J]. 江西农业学报，20（9）：81-83.

李朝绪，黄山春，覃伟权，等，2012. 三亚市椰心叶甲寄生蜂的防效调查[J]. 热带作物学报，33（7）：1288-1292.

李专，2011. 槟榔病虫害的研究进展[J]. 热带作物学报，32（10）：1982-1988.

吕宝乾，金启安，温海波，等，2012. 入侵害虫椰心叶甲的研究进展[J]. 应用昆虫学报，49（6）：1708-1715.

覃伟权，朱辉，2011. 棕榈科植物病虫鼠害的鉴定及防治[M]. 北京：中国农业出版社：88-238.

周亚奎，甘炳春，杨新全，等，2012. 海南省槟榔红脉穗螟危害情况调查[J]. 中国森林病虫，31（1）：20-21.

LU B Q，TANG C，PENG Z Q，et al.，2008. Biological assessment in quarantine of *Asecodes hispinarum* Boucek（Hymenoptera：Eulophidae）as an imported biological control agent of *Brontispa longissima*（Gestro）（Coleoptera：Hispidae）in Hainan，China[J]. Biological Control，45（1）：29-35.

（黄山春、马光昌）

第一节　椰心叶甲

椰心叶甲（Coconute leaf beetle，*Brontispa longissim* Gestro），属鞘翅目（Coleoptera）叶甲总科（Chrysomeloidea）铁甲科（Hispidae）潜甲亚科（Anisoderinae）Cryptonychini族*Brontispa*属昆虫，又称红胸叶虫、椰子扁金花虫、椰子棕扁叶甲、椰子刚毛叶甲。

一、识别特征

体长8～10 mm，宽约2.0 mm，体狭长扁平，雌虫的体型和体重明显要大于雄虫。头部（除触角、复眼及头顶外）、前胸背板、鞘翅基部1/5～1/3及端缘红黄色（有时鞘翅全部为黑色），中胸背板、前胸及中胸侧板及腹板、后胸、足及各节腹部腹板褐色；触角1～6节褐色，端部5节黑褐色；腹部背板暗褐色，后翅黑褐色。

头部背面平伸出近方形板块，两侧略平行，在复眼间稍隆起；角间突向后具纵沟，向后渐窄浅。触角丝状，11节，约为虫体的1/3长。柄节最长，长于梗节2倍；1～6节筒形，7～11节侧扁，略成长线形。

前胸背板略呈方形，明显宽于头部，长宽相当，均为1.8～2.1 mm。前缘中部弧形凸出，后缘近平直，两侧缘弯曲呈波浪状，前部及后部凸出，中部凹入，两后侧角各具一齿突。

小盾片舌形，鞘翅两侧接近平形，基部及端半部稍呈弧形凸出，末端收敛，刻点深大，排列规则，小盾片行具2～5个刻点，鞘翅基半部具8行刻点，端半部第5、6行各多1行刻点，刻点大多窄于横向刻点间距，除两侧和末梢外，刻点间区较平。翅面平坦，两侧和末梢行距隆起，端部偶数行距呈弱脊状，尤其2、4行距显著，且第2行距伸达边缘。据资料记载，鞘翅颜色红黑色所占比例因不同的地理生态区而有很大的变异。

雌虫腹部第5节可见腹板呈椭圆形，产卵器为不封闭的半圆形小环；雄虫呈尖椭圆形，生殖器为褐色，约3 mm长。足短而粗壮，腿节向端部明显膨大，胫节端部具3齿，1~3跄节扁平，向两侧膨大，尤其以第3跗节显著，几乎包住第4附节，4~5跗节完全愈合。爪1对，不伸出第3跗节外，长约为第4跗节1/2。

卵，长约1.5 mm，宽1.0 mm。卵呈椭圆形或长筒形，两端宽圆，褐色。卵壳表面有细网纹。

幼虫分5~7龄，常见5龄，体色有白色、乳白色、淡黄色、黄色。各龄幼虫可根据头壳宽、体长明显区分开。如1龄幼虫体长1.7 mm，头宽0.5 mm，2龄幼虫体长增加到2.7 mm，头宽0.6 mm，明显大于1龄。发育到5龄老熟幼虫时，体长可达到7.7 mm，头宽到1.3 mm。老熟幼虫体扁长，中部稍阔，背面微拱；头部外露，半圆形，前口式；头壳后端中央不凹；侧单眼6对；触角2节；前胸最发达，骨化较中、后胸强；具胸足；胫端有爪垫，爪为单爪，钩状；具9对气门，前、中胸具1对，1~7节腹部两侧各具1对，第9对气门较大，位于凹盘中部的两侧；腹部9节；前胸及1~8腹节各具刺突1对，各节在背腹面的中部有1条横沟纹；8、9腹节合并，在腹端形成一块骨化极强的凹盘，尾端两侧向后突伸，形成1对尾突，周缘具锐刺。

蛹，长10.0~15.0 mm，宽约2.5 mm，与幼虫形态相似，浅黄至深黄色。头部有一个突起，位于两触角之间。腹部第2~7节背面具8个小刺突，分别排成两横列，第8腹节刺突仅有2个，靠近基缘。腹末具1对钳状尾突，基部气门开口消失。

二、为害特点

椰心叶甲主要为害槟榔、椰子等棕榈科植物最幼嫩的心叶部分。成虫及幼虫常聚集取食，一般沿叶脉平行取食寄主未展开的心叶表皮薄壁组织，形成与叶脉平行的狭长褐色条斑。心叶展开后呈大型褐色坏死条斑，有的叶片皱缩、卷曲，有的破碎枯萎或仅存叶脉，被害叶表面常有破裂虫道和排泄物。一旦寄主心叶抽出，椰心叶甲也随即离去，寻找新的隐蔽场所取食为害。幼树和不健康的树易受害，成年树受害后常出现部分枯萎和顶冠变褐甚至植株死亡。

三、分布

椰心叶甲原产于印度尼西亚与巴布亚新几内亚，现分布于越南、印度尼西亚、澳大利亚、所罗门群岛、新喀里多尼亚、萨摩亚群岛、法属波利尼西亚、新赫布里底群岛、俾斯麦群岛、社会群岛、塔西提岛、关岛、马来西亚、斐济群岛、瓦努阿图、瑙鲁、新加坡、法属瓦利斯和富图纳群岛、马尔代夫。此外，马达加斯加、毛里求斯、塞舌尔及泰国也曾有报道。国内分布于海南、广东、广西、云南、福建、台湾、香港、澳门。

寄主有槟榔、椰子、假槟榔、山葵、省藤、鱼尾葵、散尾葵、西谷椰子、大王椰子、棕榈、华盛顿椰子、卡喷特木、油椰、蒲葵、短穗鱼尾葵、软叶刺葵、象牙椰子、酒瓶椰子、公主棕、红槟榔、青棕、海桃椰子、老人葵、海枣、斐济榈、短蒲葵、红棕榈、刺葵、岩海枣、孔雀椰子、日本葵和克利巴椰子。

四、生活习性

椰心叶甲每年发生4～5代，世代重叠。卵期4～6 d，幼虫期30～40 d，预蛹期3 d，蛹期6 d，成虫期可达220 d，雌成虫产卵前期1～2个月，每头雌虫可产卵100多粒。产于心叶的虫道内，3～5个一纵列粘着于叶面。周围有取食的残渣和排泄物。成虫惧光，具有一定的飞翔能力，可近距离扩散，但较慢，可在早晚飞行，白天多缓慢爬行，由于成虫期较长，因此成虫的为害远远超过幼虫。幼虫分为幼期和成熟期，形态上具有一定的差异。蛹的发育经过一系列颜色变化，约分为5个阶段。该虫对不健康的树及4～5年的幼树为害严重，为害部位仅限于未展开的叶内，一旦心叶展开，成虫即分离并寻找合适的槟榔树。

五、形态特征图、为害症状图

图2.2　椰心叶甲为害槟榔植株（马光昌　拍摄）

图2.3　椰心叶甲为害槟榔心叶（黄山春　拍摄）

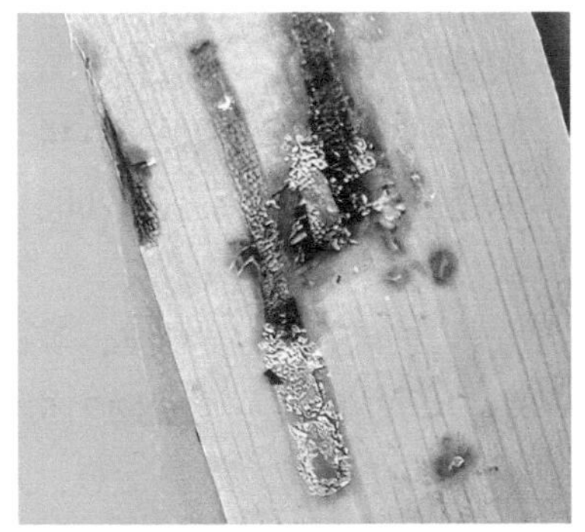

图2.4　椰心叶甲的卵（马光昌　拍摄）

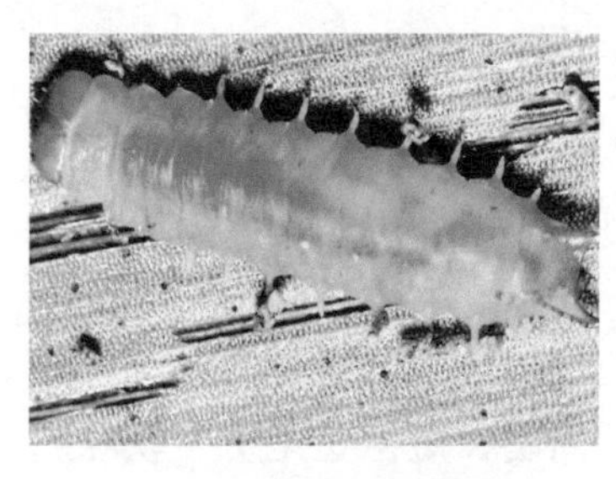

图2.5 椰心叶甲的幼虫（黄山春 拍摄）

图2.6 椰心叶甲的蛹（马光昌 拍摄）

图2.7 椰心叶甲的成虫（马光昌 拍摄）

参考文献

陈义群，黄宏辉，林明光，等，2004. 椰心叶甲在国外的发生及防治[J]. 植物检疫（4）：250-253.

方剑锋，云昌均，金扬，等，2004. 椰心叶甲生物学特性及其防治研究进展[J]. 植物保护，30（6）：19-23.

韩群鑫，林志斌，李贤，2005. 椰心叶甲生活习性初探[J]. 广东林业科技，21（1）：60-62，70.

黄山春，马子龙，吕烈标，等，2008. 海南槟榔种植地区红脉穗螟发生为害特点及其防治对策[J]. 江西农业学报，20（9）：81-83.

金涛，金启安，温海波，等，2012. 利用寄生蜂防治椰心叶甲的概况及研究展望[J]. 热带农业科学，32（7）：67-74.

李朝绪，黄山春，覃伟权，等，2012. 三亚市椰心叶甲寄生蜂的防效调查[J]. 热带作物学报，33（7）：1288-1292.

李朝绪，覃伟权，黄山春，等，2008. 海南利用寄生蜂防治椰心叶甲效果分析[J]. 林业科技开发（1）：41-44.

梁琼超，黄法余，黄箭，2002. 从进境棕榈植物中截获的几种铁甲科害虫[J]. 植物检疫，16（1）：19-22.

吕宝乾，金启安，温海波，等，2012. 入侵害虫椰心叶甲的研究进展[J]. 应用昆虫学报，49（6）：1708-1715.

莫景瑜，符永刚，郑奋，等，2018. 文昌市槟榔主要病虫害的发生危害与防治[J]. 南方农业12（31）：30-31，40.

覃伟权，陈思婷，黄山春，等，2006. 椰心叶甲在海南的危害及其防治研究[J]. 中国南方果树35（1）：46-47.

张志祥，程东美，江定心，等，2004. 椰心叶甲的传播、危害及防治方法[J]. 昆虫知识，41（6）：522-526.
钟义海，刘奎，彭正强，等，2003. 椰心叶甲：一种新的高危害虫[J]. 热带农业科学，23（4）：67-72.
周荣，曾玲，崔志新，等，2004. 椰心叶甲的形态特征观察[J]. 植物检疫，18（2）：84-85.
LV B Q，TANG C，PENG Z Q，et al.，2008. Biological assessment in quarantine of *Asecodes hispinarum* Boucek（Hymenoptera：Eulophidae）as an imported biological control agent of *Brontispa longissima*（Gestro）（Coleoptera：Hispidae）in Hainan，China[J]. Biological Control，45（1）：29-35.

（马光昌、彭正强）

第二节　红脉穗螟

红脉穗螟（*Tirathaba rufivena* Walker）也称蛀果虫、钻心虫，属鳞翅目（Lepidoptera）螟蛾科（Pyralidae）害虫。

一、识别特征

红脉穗螟初羽化颜色鲜艳。前翅绿灰色，中脉、肘脉及臀脉和翅后缘均被有红色鳞片，使脉纹显现红色；中室区有白色纵带1条，除外缘有1列小黑点、中室端部和中部各有1大黑点外，翅面尚散生一些模糊的小黑点，以翅基和顶角较多。翅中央有一大黑点。后翅及腹部橙黄色。雄蛾体较细小，体色较浅而鲜艳，下唇须短，翅外缘两条银白色斑纹明显可见；雌蛾体较粗大，体色较深，下唇须长，从背面明显可见。翅外缘两条银白斑纹不太明显。雌虫体长12 mm左右，翅展23～26 mm。雄虫体长11 mm左右，翅展21～25 mm。

二、为害特点

红脉穗螟主要为害槟榔、椰子等花穗、心叶组织和果实，对棕榈植物的产量和生长造成严重影响。红脉穗螟虫钻入寄主的花苞使其不能开放而慢慢枯萎。已展开的花苞也会被为害，取食并钻蛀雌花，幼虫把几条花穗用其所吐出的排泄物筑成隧道并隐藏其中。除了花穗外，红脉穗螟还会钻食寄主槟榔的幼果和成果，主要从果蒂附近的幼嫩组织入侵，钻食果实里面的果仁，使果实提早变黄干枯，造成严重落果。

三、分布

红脉穗螟在国内主要分布于海南、广东、台湾，在国外主要分布于马来西亚、印度尼西亚、菲律宾、澳大利亚和斯里兰卡。其寄主有槟榔*Areca catechu*、椰子*Cocos nucifera*、油棕*Elaeis guineensis*、美丽针葵*Phoenix roebelenii*、鳞皮金棕*Dictyosperma furfuraceum*、老人葵*Washingtonia filifera*和金山葵*Syagrus romenzoffiana*等棕榈科植物，其中以为害槟榔为主。

四、生活习性

红脉穗螟成虫羽化和交尾以夜间为主，白天极少，羽化后第2～3 d交尾，少数当夜即可交尾。15：00—17：00时为交尾盛时，可持续20～90 min（平均51 min）。交尾后次日晚开始产卵，产卵期3～9 d（平均6.5 d），产卵时间多为21：00—24：00时。产卵部位因物候期不同而异。在槟榔佛焰苞未打开前，卵产于佛焰苞基部缝隙或伤口处，初孵幼虫由此钻入花穗；开花结果期，成虫产卵于花梗、苞片、花瓣内侧等缝隙、皱折处；果期多产卵于果蒂部收果后还可产卵于心叶处而造成对不同部位的为害。卵多为几十粒聚产，亦有几粒产在一起者。雌虫一生可产18～107粒卵（平均51粒）。但也有报道称其产卵量可达81～220粒（平均125粒）。雌雄性比为1.25：1。红脉穗螟1 a可发生8～11代，有世代重叠现象，没有明显的越冬越夏现象。红脉穗螟一代约25～9 d，其中卵期3～4 d，幼虫5龄（少数6龄），历期13～16 d（平均14 d）。老熟幼虫在被害部位吐丝结缀虫粪作茧，1～2 d后化蛹，蛹期8～11 d，成虫寿命4～17 d（平均12.2 d）。

五、形态特征图、为害症状图

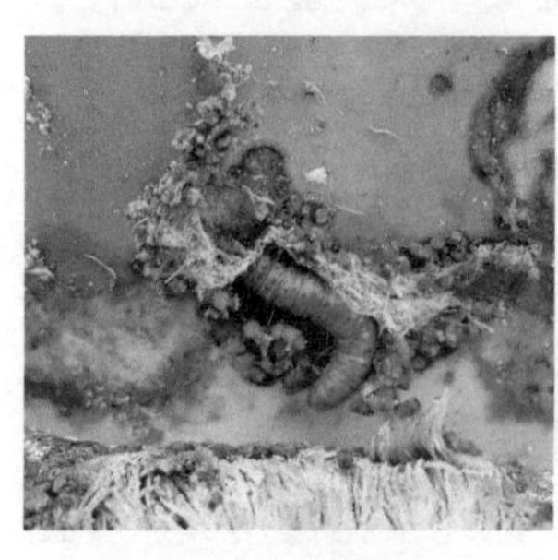

图2.8　红脉穗螟的幼虫（黄山春　拍摄）

图2.9　红脉穗螟为害花穗（黄山春　拍摄）

图2.10　红脉穗螟幼虫蛀果为害（黄山春　拍摄）

图2.11 红脉穗螟幼虫蛀果为害（黄山春 拍摄）

图2.12 红脉穗螟成虫（黄山春 拍摄）

图2.13 红脉穗螟成虫（黄山春 拍摄）

参考文献

樊瑛，甘炳春，陈思亮，等，1991. 槟榔红脉穗螟的生物学特性及其防治[J]. 昆虫知识（3）：146-148.

甘炳春，林一鸣，陈葵，等，2009. 红脉穗螟发育起点温度和有效积温的研究[J]. 江西农业学报，21（2）：52-54.

甘炳春，林一鸣，邢贞杰，等，2009. 红脉穗螟成虫行为习性的观察研究[J]. 中国农学通报，25（13）：202-205.

黄山春，马子龙，吕烈标，等，2008. 海南槟榔种植地区红脉穗螟发生为害特点及其防治对策[J]. 江西农业学报，20（9）：81-83.

黄山春，许喆，林松，等，2014. 万宁市槟榔主要害虫的发生与防治[J]. 江西农业学报，26（2）：81-84，88.

李娇，吕朝军，2017. 红脉穗螟天敌垫跗螋的饲养方法[J]. 热带农业科学，37（11）：65-68.

欧阳林海，2020. 万宁市槟榔栽培技术与病虫害的防治[J]. 农业科技通讯（5）：287-289.

孙山贵，张伟，2012. 槟榔红脉穗螟的研究进展与防治对策[J]. 热带林业，40（4）：36-37，27.

谭魁孙，2019. 海南槟榔栽培技术要点及病虫的防治[J]. 农业科技通讯（8）：396-398.

吴元，陈书贵，王开勇，等，2020. 幼龄槟榔种植管理及病虫害防控[J]. 植物医生，33（4）：55-60.

张余川，2018. 槟榔主要病虫害的防治措施探讨[J]. 农业科技通讯（9）：293-294.

钟宝珠，吕朝军，齐旭明，等，2016. 海南省槟榔红脉穗螟危害现状及天敌资源调查[J]. 中国森林病虫，35（4）：21-24.

周亚奎，甘炳春，杨新全，等，2012. 海南省槟榔红脉穗螟危害情况调查[J]. 中国森林病虫，31（1）：20-21.

RAO N B V C，RAO G K，RAMANANDAM G，2018. A new report on parasitisation of coconut spike moth，*Tirathaba rufivena* Walker by *Goniozus nephantidis* Muesebeck[J]. Pest Management in Horticultural Ecosystems，24（2）：181-184.

ZHONG B Z，LV C J，QIN W Q，2017. Effectiveness of the Botanical Insecticide Azadirachtin Against *Tirathaba rufivena*（Lepidoptera：Pyralidae）[J]. Florida Entomologist，100（2）：215-218.

（刘华伟）

第三节　甘蔗斑袖蜡蝉

甘蔗斑袖蜡蝉（*Proutista moesta* Westwood），属于半翅目（Hemiptera）头喙亚目（Auchenorrhyncha）蜡蝉子亚目（Fulgoromorpha）蜡蝉总科（Fulgoroidea）袖蜡蝉科（Derbidae）斑袖蜡蝉属（*Proutista*）。

一、识别特征

体长（不含翅）：♂2.22～2.31 mm，♀2.34～2.45 mm；前翅长：♂5.26～5.27 mm，♀6.05～6.21 mm。

体色：身体整体黑色。头顶、额、触角、后唇基中脊上半部分、前胸背板中脊、中胸背板端部、喙除端节及足的颜色为黄白色至黄色。触角窝黑褐色。唇基整体黑色。复眼黑褐色，单眼淡黄色。前胸背板和中胸背板除上述部分黄色至黄白色外，其余大部黑色，肩板黑褐色。前翅黑褐色至黑色，翅脉黑褐色，翅面具有多个圆形、方形或不规则透明斑。后翅褐色，具褐色翅脉，半透明。

头顶近三角形，端部侧脊汇合，基部域凹，头侧面观圆形。额侧脊高度汇合。复眼腹缘凹入，前缘向前延伸，单眼位于复眼前下方。触角短，短于或近等于额长一半，梗节长度约为宽度1.5倍。后唇基具明显中脊和侧脊。前胸背板后缘凹入，宽约为头含复眼宽度的2倍。中胸背板隆起，菱形，侧面观明显高于头部。前翅长，长约为宽的3～3.3倍，基部窄，向后渐宽，后缘中后部弧形，

MP具6分支，Cu A分支。后翅短而狭，长约为前翅一半。后足刺式4-（6-7）-8。

雄性外生殖器：肛节狭长，背面观近基部窄，基部2/5处向端部渐宽，侧面观近端部1/3处向下强烈弯折，腹缘近中部略突起，肛刺突着生于近中部。尾节侧面观狭，腹缘近平截。生殖刺突长近长方形，基部1/5窄，之后变宽，背腹缘近平行，侧面观背缘近1/3处自内侧向外突出一“鸟头”状突起，边缘具密毛，生殖刺突端背缘尖状突起。阳茎干粗壮，阳茎干左侧近端部腹缘着生一长棒形瓣，端部中部着生有一长尖状突，头向伸达阳茎干近基部1/3，右侧面观端部具一短尖状突，指向背向。

二、为害特点

以成虫、若虫群集在槟榔、椰子等寄主叶背、嫩梢上刺吸为害，引起嫩梢萎缩，畸形等，严重影响植株的生长和发育。印度学者报道该国槟榔黄化病媒介昆虫为甘蔗斑袖蜡蝉。

三、分布

分布：中国（云南、海南、福建、台湾）、日本、缅甸、印度、菲律宾、斯里兰卡、塞舌尔群岛。

寄主：*P. moesta*为多食性昆虫。其寄主包括槟榔、椰子、油棕、三药槟榔、甘蔗、香蕉、高粱、玉米、水稻、狼尾草和茄子。

四、生活习性

根据印度报道，甘蔗斑袖蜡蝉生活史30 ~ 70 d，在槟榔植株上雌虫和雄虫寿命最长分别为62 d和55 d，平均寿命为（49.35 ± 1.7）d。成虫喜在槟榔植株外层黄色成熟叶片上取食。雌虫在腐烂材料上产卵，产卵时一枚接着一枚地产卵，产下的卵呈线性排列。单头雌虫可产卵32 ~ 68枚，平均（44 ± 4）枚，雌雄性比平均为1：0.59。若虫5龄，各龄4 ~ 5 d。雄虫体型比雌虫小。在田间，除4月、5月和9月外，雌雄虫性比几乎完全相等。6月种群数量最高，11月最低。

五、形态特征图、为害症状图

图2.14　甘蔗斑袖蜡蝉成虫背后
（黄山春　拍摄）

图2.15　甘蔗斑袖蜡蝉成虫头前
（黄山春　拍摄）

图2.16　刺吸槟榔叶片汁液
（唐庆华　拍摄）

图2.17　成虫群集刺吸汁液
（唐庆华　拍摄）

参考文献

丁晓军，唐庆华，严静，等，2014. 中国槟榔产业中的病虫害现状及面临的主要问题[J]. 中国农学通报，30（7）：246-253.

隋永金，2019. 西南地区袖蜡科分类研究[D]. 贵阳：贵州大学.

覃伟权，范海阔，2010. 槟榔[M]. 北京：中国农业大学出版社.

覃伟权，唐庆华，2015. 槟榔黄化病[M]. 北京：中国农业出版社.

王满强，2010. 中国袖蜡蝉科分类研究（半翅目：蜡蝉科）[D]. 杨凌：西北农林科技大学.

中国科学院中国动物志编辑委员会，1985. 中国经济昆虫志：第36册[M]. 北京：科学出版社.

朱辉，覃伟权，余凤玉，等，2008. 槟榔黄化病研究进展[J]. 中国热带农业

（5）：36-38.

EDWIN B T AND MOHANKUMAR C，2007. Kerala wilt disease phytoplasma：phylogenetic analysis and identification of a vector，*Proutista moesta*[J]. Physiological and Molecular Plant Pathology，71（1-3）：41-47.

PONNAMMA K N，1994. Studies on *Proutista moesta* Westwood population dynamics，control and role as vector of yellow leaf disease of arecanut[D]. Kerala：University of Kerala.

PONNAMMA K N，SOLOMAN J J，RAJEEV G，et al.，1997. Evidences for transmission of yellow leaf disease of areca palm，*Areca catechu* L. by *Proutista moesta*（Westwood）（Homoptera：Derbidee）[J]. Journal of Plantation Crops，25（2）：197-200.

PONNAMMA K N，KARNAVAR G K，1998. Biology，bionomics and control of *Proutista moesta* Westwood（Hemiptera：Derbidae）：a vector of yellow leaf disease of areca palms[J]. Developments in Plantation Crops Research（6）：264-272.

RAJAN P，NAIR C P R，SOLOMON J J，et al.，2002. Identification of phytoplasma in the salivary glands of *Proutista moesta*（Westwood），a putative vector of coconut root（wilt）disease[J]. Journal of Plantation Crops，30（2）：55-57.

KOCHU BABU M，1993. Investigations on spear rot complex of oil palm（*Elaeis guineensis* Jacq.）[D]. Mangalore：Mangalore University.

（黄山春、唐庆华、龙剑坤）

第四节 黑刺粉虱

黑刺粉虱（*Aleurocanthus spiniferus* Quaintance）别名桔刺粉虱、刺粉虱、黑蛹有刺粉虱，属同翅目（Homoptera）粉虱科（Aleyrodidae）昆虫。

一、识别特征

成虫体长1.0～1.3 mm，头、胸部褐色，被薄白粉；腹部橙黄色。复眼橘红色。前翅灰褐色，有7个不规则白色斑纹；后翅淡褐紫色，较小，无斑纹。雄虫体较小，腹部末端有抱握器。

二、为害特点

黑刺粉虱若虫群集在槟榔、椰子等寄主的叶片背面固定吸食汁液，引起叶片因营养不良而发黄、影响叶片的光合作用，致使叶片最终叶片黄黑枯死。该虫的排泄物能诱发煤污病，使、叶、果受到污染，导致叶落，严重影响产量和质量。

三、分布

黑刺粉虱主要分布于中国、印度、印度尼西亚、日本、菲律宾、美国、东非、关岛、墨西哥、毛里求斯、南非等国家。

黑刺粉虱寄主包括槟榔、椰子、油棕、柑橘、月季、蔷薇、白兰、米兰、玫瑰、阴香、樟、榕树、散尾葵、桂花、九里香等几十种植物。

四、生活习性

在中国一年发生4～5代，在海南没有越冬现象。各代若虫发生期：第1代4月下旬至6月，第2代6月下旬至7月中旬，第3代7月中旬至9月上旬，第4代10月至翌年2月。成虫喜较阴暗的环境，多在树冠下面外部老叶上活动，卵散产于叶背，散生或密集呈圆弧形，数粒至数十粒一起，每雌可产卵数十粒至百余粒。初孵若虫多在卵壳附近爬动吸食，共3龄，2、3龄固定寄生，若虫每次蜕皮壳均留叠体背。卵期：第1代22 d，第2～4代10～15 d；蛹期7～34 d；成虫寿命6～7 d。

五、形态特征图、为害症状图

图2.18　黑刺粉虱成虫（黄山春　拍摄）

图2.19　黑刺粉虱刚羽化成虫（黄山春　拍摄）

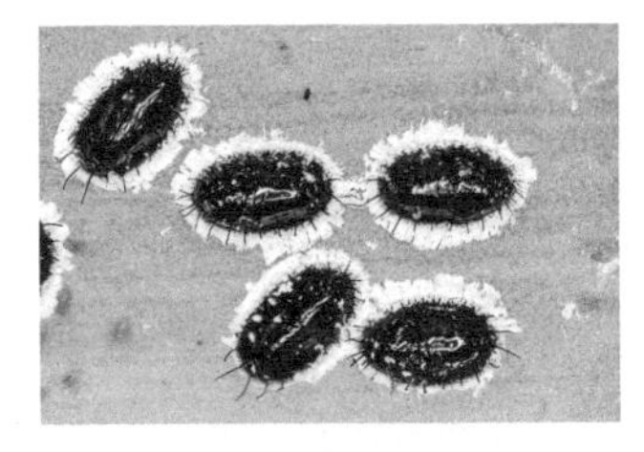

图2.20　黑刺粉虱拟蛹
（黄山春　拍摄）

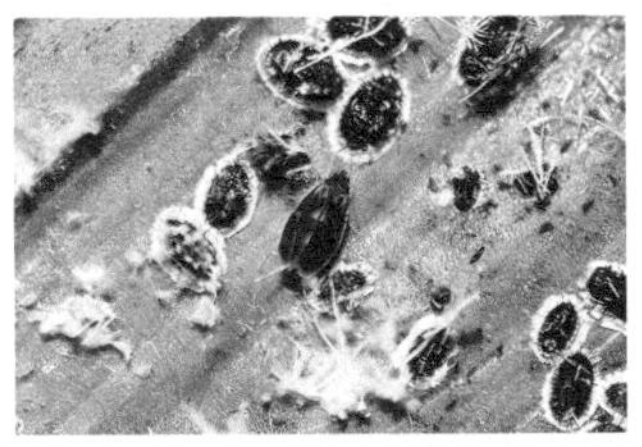

图2.21　成虫及拟蛹
（黄山春　拍摄）

图2.22　黑刺粉虱为害状
（黄山春　拍摄）

参考文献

陈向勉，2013. 黑刺粉虱对琼海的槟榔危害现状及防治对策[J]. 热带林业，41（3）：23-24.

黄山春，许喆，林松，等，2014. 万宁市槟榔主要害虫的发生与防治[J]. 江西农业学报，26（2）：81-84，88.

李国寅，艾怡雯，王伟，等，2010. 海南岛螺旋粉虱寄主植物新记录种调查[J]. 热带作物学报，31（4）：655-660.

李静清，1999. 柑桔黑刺粉虱的发生与防治[J]. 中国南方果树（2）：20.

罗宏伟，庄小吁，符柯兰，等，2020. 黑刺粉虱在海南发生为害的初步调查[J]. 中国植保导刊，40（9）：44-46，55.

邱宁宏，詹宗文，姚莉，等，2017. 粘虫板对樟树黑刺粉虱成虫的诱杀效果[J]. 中国植保导刊，37（8）：45-47.

覃伟权，范海阔，2010. 槟榔[M]. 北京：中国农业大学出版社：106-107.

吴华昌，布丽华，李学英，1992. 海南岛椰子黑刺粉虱的生物学特性及防治[J]. 热带作物学报（1）：53-57.

闫凤鸣，白润娥，2017. 中国粉虱志[M]. 郑州：河南科学技术出版社.

朱文静，符悦冠，2013. 海南岛粉虱科昆虫种类及中国四新纪录种记述（半翅目：胸喙亚目）[J]. 动物分类学报，38（3）：647-656.

（黄山春）

第五节　双钩巢粉虱

双钩巢粉虱（*Paraleyrodes pseudonarajae* Martin），属半翅目（Hemiptera）

粉虱科（Aleyrodidae）巢粉虱属（*Paraleyrodes*）的昆虫。

一、识别特征

雌虫体长0.96 ~ 1.11 mm，个体稍小，虫体黄色，鲜有红色，触角较为明显，有时前足也呈红色。前翅共有6个褐斑，分为3组：近基部的后缘具一褐斑，方形，纵轴与后缘平行；在翅的2/5处具3个褐纹，近于“小”字形，中间的一竖位于中脉的下方，与中脉平行，下方的褐斑近方形，接近翅缘，上方的斑长形，斜置，远离翅缘；在翅的2/3处具2个褐纹，呈“八”字形，有时这2个褐纹在中间断裂；有时翅上的褐纹不明显，刚羽化的成虫半透明，不见褐纹。雌成虫触角4节，即鞭节分为2节；雄成虫触角3节，鞭节为一整体。雄性的触角明显比雌性的粗、长，但触角的第2节，雌性明显的比雄性的长。

卵淡黄色，常常具黄色区域，位置不定；着生卵柄的一端略细小，最宽处位于端部的1/4处；卵柄长约是卵长的3/4，一端插入叶面，约在长度的2/3处弯曲，角度在90° ~ 135°，因此卵或与叶面平行，但又不与叶面相靠，或斜列，与叶面近45°，或处在两者之间。

1龄若虫鲜黄色，但具淡黄白色的区域，以中部和侧缘明显；复眼鲜红色，小。体侧缘具稀疏刚毛，以腹末两侧第2对为最长；有时体的四周具薄的蜡层。

2龄若虫个体比1龄的大，体侧的蜡膜也较长；体背分节明显。

3龄若虫从复合孔长出蜡丝，蜡丝断裂后留在体的四周；随着时间的推移，四周堆积的蜡丝越来越多，近似鸟巢形。

4龄若虫（蛹）与3龄若虫相近，只是四周的蜡丝更多。4龄若虫并不取食。

二、为害特点

双钩巢粉虱主要刺吸叶片汁液使寄主植物受害，而且其发育速度快，虫口密度大，并在寄主植物叶背面分泌大量的蜡粉、蜡丝和蜜露，使叶背面呈一片白色，同时诱发煤烟病，而影响植物叶片光合、呼吸与散热作用。此外，受双钩巢粉虱为害的寄主植物叶片变黄、变型和提前落叶导致植物生长发育明显变弱，影响植物的外观。

三、分布

双钩巢粉虱原产于南美洲，现分布于哥伦比亚、巴拿马、哥斯达黎加、牙买加、波多黎各、佛罗里达、夏威夷、百慕大、马来西亚及我国香港、澳门、广西、海南、广东、云南。

寄主有椰子、槟榔、番荔枝、番石榴、莲雾、油梨、澙槁木姜子、旅人蕉、柑、橘、橙子、柚子、柠檬、黄皮、印度紫檀、杧果、小叶龙船花、白蟾花、龙眼、荔枝、小叶榕、大叶榕、垂叶榕、斜叶榕、黄葛树、榄仁树、爪哇木棉、白玉兰、水石榕、重阳木、一点红、野牡丹、三白草、毛蔓豆、翅荚决明和粉葛藤等20科29属37种。

四、生活习性

双钩巢粉虱的发育周期包括卵、若虫和成虫。羽化高峰期在7：00—9：00。雌成虫羽化后当天就可以交配产卵也可以进行孤雌生殖。刚孵化的1龄若虫经短暂爬行后，开始固定取食，并分泌蜡质物，随后蜡丝不断增多加长，形似鸟巢状，雌成虫通常在“巢”周围产卵，然后再到“巢”中取食。双钩巢粉虱生长速度快，种群增长迅速，在27 ℃时，其世代发育历期仅为16. 38 d。双钩巢粉虱世代发育起点温度为9.71 ℃，完成一个世代所需要的有效积温为307.75日·度，在海南每年可发生16～17代，并存在世代重叠现象。

五、形态特征图、为害症状图

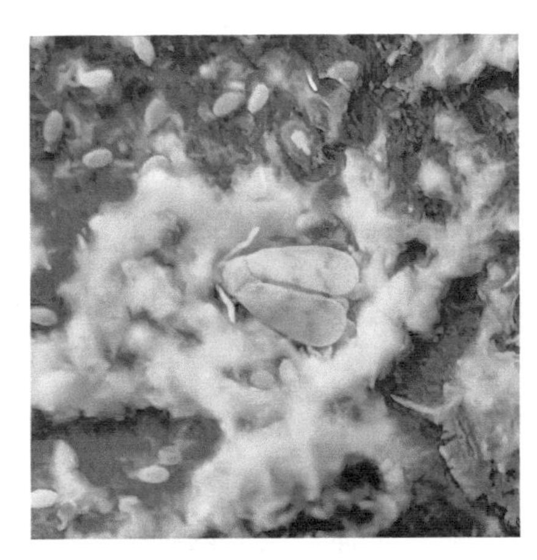

图2.23　双钩巢粉虱成虫
（马光昌　拍摄）

图2.24　双钩巢粉虱卵
（马光昌　拍摄）

图2.25　双钩巢粉虱若虫
（黄山春　拍摄）

图2.26　双钩巢粉虱为害状
（黄山春　拍摄）

参考文献

柴建萍，江秀均，倪婧，等，2015. 云南蚕区新入侵桑树害虫双钩巢粉虱的初步鉴定[J]. 蚕业科学，41（4）：603-607.

刘博，阎伟，2020. 双钩巢粉虱在我国的适生区预测[J]. 植物检疫，34（4）：56-59.

虞国跃，符悦冠，贤振华，等，2010. 海南、广西发现外来双钩巢粉虱[J]. 环境昆虫学报，32（2）：275-279.

朱文静，韩冬银，张方平，等，2010. 外来害虫双钩巢粉虱在海南的发生有温度对其发育的影响[J]. 昆虫知识，47（6）：1134-1140.

（马光昌）

第六节　螺旋粉虱

螺旋粉虱（*Aleurodicus dispersus* Russell），属半翅目（Hemiptera）粉虱科（Aleyrodidae）复孔粉虱属（*Aleurodicus*），其英文名为spiralling whitefly或keys whitefly。

一、识别特征

成虫：一对单眼褐色，位于复眼上方。雌雄个体均具有两种形态，即前翅有翅斑型和前翅无翅斑型。前翅有翅斑的个体明显较前翅无翅斑的大。初羽化的成虫浅黄色、近透明，随成虫的发育不断分泌蜡粉，之后在前翅末端有一具金属光泽的斑。成虫腹部共8节，两侧具有蜡粉分泌器，初羽化时不分泌蜡粉，随成虫日龄的增加蜡粉分泌量增多。雄性形态与雌性相似，但腹部末端有一对铗状交尾握器。

卵：橙黄色，长椭圆形，表面光滑，有卵柄与叶片相连，主要为固定作用。散产或排列成螺旋状，多覆盖有白色蜡粉。初产时白色透明，随后逐渐发育变为黄色。

1龄若虫：触角2节，足3节；初孵若虫虫体透明，扁平状，随虫体发育逐渐变为半透明至淡黄色或黄色，背面隆起、体背分泌少量絮状蜡粉。前端两侧具红色眼点，足发达。刚孵化的若虫在蜡粉物下爬行，不久固定于一处，通常多固着在叶脉处或脉缘。

2龄若虫：足、触角退化，分节不明显；初脱皮时虫体透明，扁平状，无蜡粉；随虫体发育逐渐变为半透明至淡黄色或黄色，背面隆起，体背、体侧分泌有少量絮状或丝状蜡粉；后期虫体钝厚，椭圆形，体上蜡粉减少。2龄若虫于叶脉两侧取食。

3龄若虫：与2龄若虫相似，足、触角进一步退化，分节不明显；发育中期，体背有少量絮状蜡粉，体周缘长有放射状细腊丝，长约为虫体的一半。

拟蛹（4龄若虫）：初脱皮时透明，扁平状，无蜡粉，随着虫子发育体上的蜡粉逐渐增多、蜡丝加长，体背有很多形态各异的蜡孔，分泌絮状蜡粉；在虫体胸部和腹部分别有1对和4对复合孔，分泌丝状蜡粉，是螺旋粉虱区别于其他粉虱的主要特征；丝状蜡丝最长可达虫体10倍以上。舌状突两侧的蜡孔分泌粗厚的毛刷状蜡丝。羽化成虫后，拟蛹壳背中线留有一羽化孔。

二、为害特点

螺旋粉虱主要通过刺吸槟榔等寄主植物汁液为害，造成植物营养缺乏、生长衰弱、干枯，严重时可导致寄主植物死亡；若虫于叶背面吸食汁液，并分泌蜜露粘于叶面，可诱发煤烟病，影响寄主光合作用、呼吸及散热功能，促使枝叶老化，甚至严重枯萎；此外，螺旋粉虱还可分泌大量白色蜡粉，其随风扩散，污染环境，影响植物外观的同时还会引起人们不快情绪。螺旋粉虱亦可传播病害，在美国佛罗里达州可能传播可可椰子萎蔫病，严重影响寄主作物生长。

三、分布

螺旋粉虱起源于中美洲和加勒比地区，国内分布于台湾和海南，国外分布于西班牙、文莱、印度尼西亚、马来西亚、印度、马尔代夫、菲律宾、新加坡、斯里兰卡、泰国、尼日利亚、多哥、贝宁、加纳、刚果、加那利群岛、巴哈马、巴巴多斯、巴西、哥斯达黎加、古巴、多米尼亚、厄瓜多尔、海地、马提尼克岛、巴拿马、秘鲁、波多黎各、美国、夏威夷、萨摩亚、澳大利亚、库克群岛、斐济、关岛、密克罗尼西亚、瑙鲁、巴布亚新几内亚、加罗林群岛、基里巴斯、马朱罗、托克劳、汤加、帕劳。

螺旋粉虱的寄主植物种类很多，主要为害蔬菜、花卉、果树和行道树。至2000年，国内外所报道的寄主种类已经有295属481种之多。在我国海南省，发现螺旋粉虱的寄主种类包括47科103属120种。主要有椰子、槟榔、番石榴、印度紫檀、榄仁、番木瓜、辣椒、茄子、番荔枝、洋紫荆、重阳木等。

四、生活习性

螺旋粉虱的幼虫阶段，仅1龄若虫可以主动运动。卵通常产在叶背面。螺旋粉虱世代的发育起点温度和有效积温分别为8.88 ℃和511.86日·度，在海南一年可发生8～9代。在18～32 ℃恒温条件下，螺旋粉虱世代发育历期为26.63～57.16 d，其中卵期7.15～15.93 d，1龄若虫期4.00～11.03 d，2龄若虫期3.83～7.53 d，3龄若虫期4.09～8.64 d，拟蛹期7.56～14.03 d。在18～32 ℃条件下，各虫态发育速率与温度呈抛物线关系，但在18～28 ℃则为直线关系；低温和高温都不利于其繁殖，14 ℃恒温条件下无法完成世代发育。

雄虫较雌虫早羽化，羽化盛期在6：00—8：00，迁飞盛期于5：00—7：00。一般而言，成虫不活跃，活动有明显的规律性，晴天活动多集中在上午，阴天活动少，雨天不活动。

五、形态特征图、为害症状图

图2.27　螺旋粉虱为害状
（马光昌　拍摄）

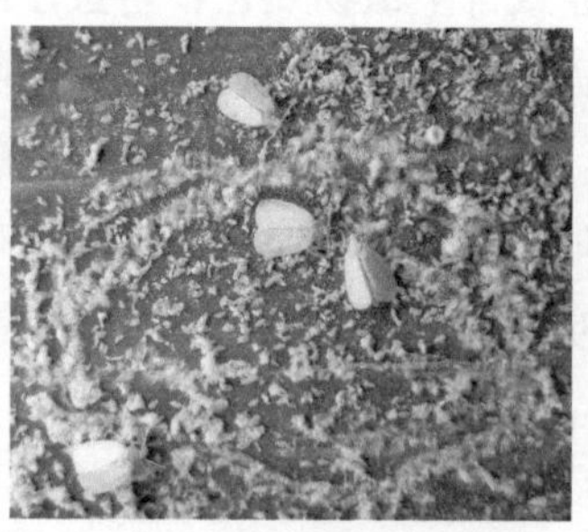

图2.28　螺旋粉虱成虫及卵
（李朝绪　拍摄）

图2.29　螺旋粉虱成虫
（马光昌　拍摄）

参考文献

曹凤勤，刘万学，陈攀，等，2010. 海南陵水县螺旋粉虱寄主植物及发生动态研究[J]. 安徽农业科学，38（6）：2996-2999.

韩冬银，刘奎，陈伟，等，2008. 螺旋粉虱在海南的分布与寄主植物种类调查[J]. 昆虫知识，45（5）：765-770，843.

韩冬银，刘奎，张方平，等，2009. 螺旋粉虱的生物学特性[J]. 昆虫学报，52（3）：281-289.

韩冬银，邢楚明，张方平，等，2015. 螺旋粉虱成虫的翅斑型分化及其适应意义[J]. 昆虫学报，58（1）：68-73.

李国寅，艾治雯，王伟，等，2010. 海南岛螺旋粉虱寄主植物新记录种调查[J]. 热带作物学报，31（4）：655-660.

宋早芹，于卫卫，杜予州，2011. 螺旋粉虱超微结构的研究[J]. 扬州大学学报，32（1）：92-94.

徐岩，1999. 警惕螺旋粉虱传入中国[J]. 植物检疫，13（4）：232-236.

虞国跃，张国良，彭正强，等，2007. 螺旋粉虱入侵我国海南[J]. 昆虫知识，44（3）：428-431，466.

MARTIN J H，LUCUS G R，1984. *Aleurodicus dispersus* Russell，a whitefly species new to Asia[J]. Philipp Scientist，21：168-171.

（马光昌）

第七节　柑橘棘粉蚧

柑橘棘粉蚧（*Pseudococcus cryptus*（hempel）)，属半翅目（Hemiptera）粉蚧科（Pseudococcidae）粉蚧属（*Pseudococcus*）昆虫。

一、识别特征

雌成虫：虫体椭圆或卵圆形，淡黄，体被白蜡粉，体节隐约可辨。体缘具长短不一的白色粉状蜡丝17对，尾端1对最长，在尾部正中尚有1对细丝，夹在两根长尾丝的中间。雌成虫触角为8节，第1节粗大，第2、3、8节约等长，

第4～7节约等长，各节长度约为第2节的1/2。足3对，较细长，但很少露出体外。具前、后背裂。

雄成虫：长约1 mm，体酱紫色，眼红色。具翅1对，半透明，腹部末端有1对白色长尾丝，触角10节，长过身体的2/3。体被具细毛。

二、为害特点

成虫和若虫多群集在叶下面的中脉两侧及叶柄与枝的交界处为害，也有群集在卷叶、有蛛丝网的叶片上为害。成虫和若虫吸食汁液，造成梢叶枯萎或畸形早落，并诱发煤污病。被害被害树苗表现干缩枯萎，发育不良，呈现“缺肥”症状，受害严重的整株死亡。

三、分布与寄主植物

柑橘棘粉蚧主要分布于中国海南、云南、广东、广西、山东、湖南、湖北、浙江、福建、江苏、辽宁、台湾等省区。

寄主：柑橘棘粉蚧主要为害槟榔、椰子、油茶、梨、苹果、桃、石榴、柑橘、板栗、无花果、葡萄柚、金橘、柠檬、酸橙、茶、栀子、榕等多种植物。

四、生活习性

在海南一年四季均可为害槟榔和椰子，没有越冬现象，平均每头雌虫可产卵200～500粒，最多的可达1 000粒以上，其种群数量大，为害较为严重。粉蚧常群居于叶背主脉两侧和叶柄附近，尤其喜欢聚集在叶片叠合的地方，在枝干上则聚居于枝梢顶端。

五、形态特征图、为害症状图

图2.30 柑橘棘粉蚧为害状（黄山春 拍摄）

图2.31 柑橘棘粉蚧为害状（黄山春 拍摄）

图2.32　柑橘棘粉蚧雌虫与若虫（黄山春　拍摄）

图2.33　柑橘棘粉蚧雌虫腹面（黄山春　拍摄）

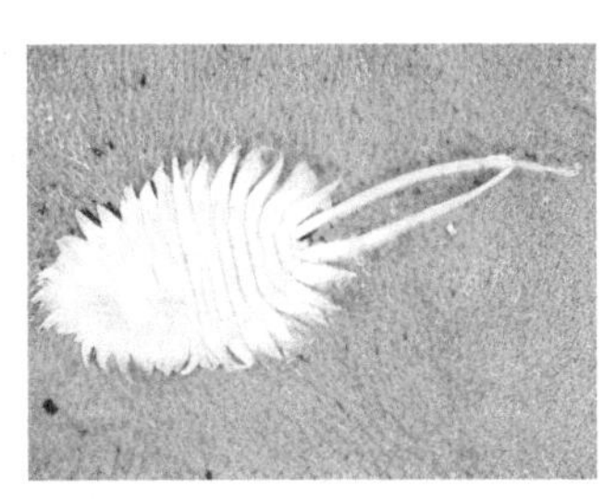

图2.34　柑橘棘粉蚧雌虫背面（黄山春　拍摄）

参考文献

李忠，2016. 中国园林植物蚧虫[M]. 成都：四川科学技术出版社.

汤祊德，1992. 中国粉蚧科[M]. 北京：中国农业科技出版社.

中国科学院中国动物委员会，2001. 中国动物志昆虫纲：第22卷[M]. 北京：科学出版社.

WANG H，ZHAO R，ZHANG H，et al.，2020. Prevalence of yellow leaf disease（YLD）and its associated *Areca palm velarivirus* 1（APV1）in betel palm（*Areca catechu*）plantations in Hainan，China[J]. Plant Disease，104（10）：2556-2562.

（黄山春）

第八节　考氏白盾蚧

考氏白盾蚧（*Pseudaulacaspis pentagona*）属半翅目（Hemiptera）盾蚧科（Diaspididae）。

一、识别特征

雌蚧壳：圆形、略隆起；蜕皮偏在前方、但不在边缘上。腹膜极薄、常遗留在植物上、灰白色或黄白色和植物表皮相似；第2蜕皮黄褐色或橙黄色、第1蜕皮黄白色。蚧壳直径2.0～2.5 mm。

雄蚧壳：白色、蜡质状；长形、两侧平行、背面有3条纵脊线；蜕皮黄白色、位于前端。蚧壳长：0.8～1.0 mm。阔0.3 mm。

雌成虫：体阔、倒梨形、略带五角形；前端阔圆、后端三角形、以后胸部分最宽。腹部分节明显、没节的侧缘突出成圆形瓣。橙黄色到红色、臀板黄褐色或红褐色。皮肤除臀板外膜质。

雄成虫：体瘦长、纺锤形、以中胸为最阔、末端尖削。橙红色。

二、为害特点

常寄生在枝条或树干上、密密连在一起。新传染的植株上雌虫较多，传染已久的植株上雄虫的数目较多，蚧壳相重叠，成一片白色。致寄主发育停止或衰弱。并能传播病菌。

三、分布

分布：中国（海南、广东、广西、云南、福建、台湾、浙江、江苏、山东、江西、四川、甘肃、宁夏、陕西、山西、河南、河北、内蒙古、辽宁）。该虫在国外分布于美洲、澳洲、欧洲、非洲及亚洲等多地区广泛分布。

寄主：槟榔、椰子、海枣、桑、桃、李、杏、梨、苹果、樱、梅、樱桃、葡萄、柿、核桃、无花果、枇杷、栗、银杏、杧果、可可、茄子、番石榴、木麻黄等多种植物。

四、生活习性

依地区不同、一年发生1～5代。在陕西1年2代；江浙1年3代；广东则1年5代。卵期7～14 d。若虫期20～25 d、雌虫寿命90～230 d。雄虫一生约40 d；雄成虫寿命很短、仅0.5～1d。雄虫能飞、寻觅雌虫、停在雌蚧壳上、将生殖刺弯到蚧壳下摸索雌虫生殖孔交配。交配时间很短、历时约4～5 min、雄成虫不久即死。雌成虫交配后腹部逐渐膨大而产卵、每雌能产卵100～150个；产后腹部缩短、颜色变深、不久死亡。

五、形态特征图、为害症状图

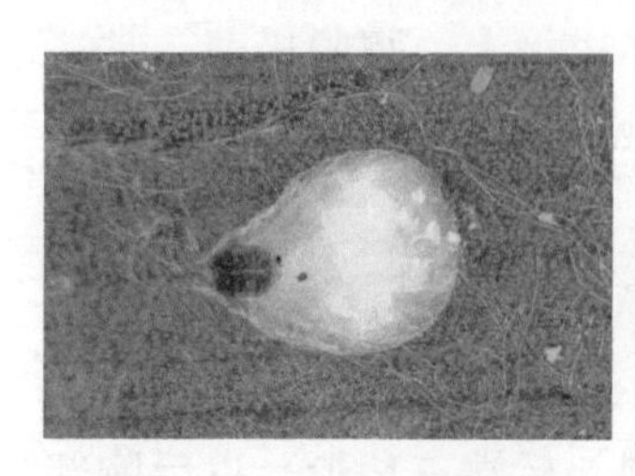

图2.35 考氏白盾蚧雌虫（黄山春 拍摄）

图2.36 考氏白盾蚧为害状（黄山春 拍摄）

图2.37 为害叶片、叶柄和茎干（黄山春 拍摄）

图2.38 考氏白盾蚧为害树干
（黄山春 拍摄）

图2.39 考氏白盾蚧为害果实
（黄山春 拍摄）

参考文献

陈劲松，翁瑞泉，曾思海，等，2012. 福建口岸进境台湾槟榔携带的5种主要盾蚧[J]. 植物检疫，26（6）：44-49

付兴飞，李雅琴，于潇雨，等，2016. 昆明市考氏白盾蚧的危害特点及发生规律研究[J]. 林业调查规划，41（6）：83-86.

胡兴平，1991. 考氏白盾蚧形态研究（Homoptera：Coccoidea：Diaspididae）[J]. 山东农业大学学报，22（3）：221-226.

江宝福，2009. 红树林考氏白盾蚧生物学特性和种群动态研究[D]. 福州：福建农林大学.

周尧，1982. 中国盾蚧志[M]. 西安：陕西科学技术出版社.

（刘博）

第九节 银毛吹绵蚧

银毛吹绵蚧（*Icerya seychellarum*）属半翅目（Hemiptera）绵蚧科（Monophlebidae）。

一、识别特征

雌成虫体长5～7 mm，宽约3.0～4.3 mm。体卵圆形，橘红或暗黄色，后端宽，背面隆起，被块状白色绵毛状蜡粉，呈5纵行：背中线1行，腹部两侧各2行，块间杂有许多白色细长蜡丝，体缘蜡质突起较大，长条状淡黄色。雄体长3 mm，紫红色。

二、为害特点

银毛吹绵蚧以刺吸式口器吸取汁液为害，在叶背面分布比较密集，寄主受害严重时叶背面常布满新旧蚧壳。雌虫在生长过程中分泌黄色蜡粉，覆盖其表面，甚至散落叶片，影响植物的正常生长，从而引发其他病害。同时，雌成虫的为害会使叶面上出现褐色斑点，为害严重时会造成植株死亡。

三、分布

分布：中国（海南、广东、广西、香港、台湾、贵州、云南、福建、四川、江西、北京）、南非、澳洲、印度、缅甸、菲律宾、日本、太平洋诸岛。

寄主：槟榔、椰子、木防己、蔷薇、罗汉松、香蕉、肉豆蔻、爱春花、刺桐、枇杷树、甘蔗、铁苋菜、杧果、木麻黄、柑橘、巴豆等。

四、生活习性

银毛吹绵蚧在云南玉溪市1年发生3代，世代重叠。第1代于当年3月下旬开始孕卵，4月上旬开始产卵，4月中旬为产卵高峰期。卵发育仅数小时，至多1 d。4月中下旬开始孵出1龄若虫，5月中旬进入2龄，6月发育为雌成虫。6月中旬老雌虫开始孕卵，7月初第2代若虫开始出现，7月下旬进入2龄，8月中旬进入雌成虫期，开始孕卵。9月中旬第3代若虫出现，10月上旬进入2龄，11月上旬进入雌成虫期，最后以雌成虫越冬。

五、形态特征图、为害症状图

图2.40　银毛吹绵蚧雌虫
（黄山春　拍摄）

图2.41　银毛吹绵蚧各虫态
（黄山春　拍摄）

参考文献

邬博稳，2019. 中国绵蚧科昆虫的分类研究（半翅目：蚧次目）[D]. 北京：北京林业大学.

殷树萍，2018. 玉溪市银毛吹绵蚧的生物学特性及防治研究[J]. 江西农业（8）：82-83.

（刘博）

第十节　椰　园　蚧

椰园蚧（*Aspidiotus destructor* Signoret）又名茶椰圆蚧、椰圆盾蚧、琉璃圆蚧和木瓜介壳虫等，属半翅目（Hemiptera）盾蚧科（Diaspididae）害虫。

一、识别特征

椰圆蚧雌虫蚧壳黄色，质薄，半透明，中央有黄色小点2个。雌虫虫体在蚧壳下面呈卵圆形，稍扁平，黄色，前端稍圆，后端稍尖，平均直径为1.5 mm，长1.1 mm，蚧壳与虫体容易分离。雄成虫橙黄色，具1对半透明翅膀，体长0.7 mm，复眼黑褐色，腹末有针状的交配器；椰圆蚧卵长0.1 mm，椭圆形，若虫初孵化时为浅绿色，后变为黄色，椭圆形较扁，眼褐色，触角1对，足3对，腹末生1尾毛。

二、为害特点

椰圆蚧常以若虫和成虫聚集在叶柄、枝、叶、果实上，利用刺吸式口器吮吸汁液，受害叶片腹面呈现不规则的褐绿黄斑，卷曲发黄、凋萎，影响光合作用，严重时全株布满虫体，导致植株死亡。椰园蚧还可诱发严重的煤污病（煤烟病），使叶片呈污黑状。

三、分布

椰园蚧的分布非常广泛，在国内主要分布于台湾、山东、江西、云南、上海、海南、广东、贵州、四川、江苏、浙江、福建、广西、湖南、湖北等省，国外主要分布于印度、缅甸、日本、菲律宾、美国、古巴、埃及、安哥拉、喀麦隆、厄立特里亚、埃塞俄比亚、加纳、肯尼亚、多哥、马达加斯加、莫桑比克、以色列、索马里、坦桑尼亚、乌干达、津巴布韦、澳大利亚、墨西哥、夏威夷群岛等地区。

寄主：寄主范围非常广泛，可为害槟榔、椰子、香蕉、柑橘、油棕、卫矛、山茶、苏铁、油椰、海芋、无花果、可可、冬青、榕树、柠檬、苹果、梨、枇杷、枣、山楂、枸杞、花椒、杧果、樱桃、梅、橄榄、菠萝、黄杨、桉树、泡桐、松树、柏树、杜鹃花、牵牛花、芦荟、龙血树、马蹄莲、龙舌兰、曼陀罗、仙人掌、夹竹桃等植物。

四、生活习性

椰圆蚧由于各地区气候原因，1年可发生1～3代（除越冬代），3代区各代若虫盛见期分别在5月中旬、7月下旬及9月中旬至10月上旬。2代区各代若虫盛见期分别在4月中下旬和7月中旬。有研究报道椰圆蚧在海南1年可发生10代以上，世代重叠严重，无越冬越夏行为。若虫盛见期分别在5月上旬和8月上旬，雌成蚧比较明显的发生高峰有2个，一个在6月底至7月上旬，另一个在8月上旬至9月上旬，9月上中旬雄虫化蛹，10月上旬羽化与雌虫交尾后死亡。雌成虫经交尾后陆续产卵，每雌产卵数为越冬代为80～100粒，第1代为70余粒，第2代为60～80粒。雌虫也可孤雌生殖，并可产下两性后代。

五、形态特征图、为害症状图

图2.42 椰圆蚧各虫态
（黄山春 拍摄）

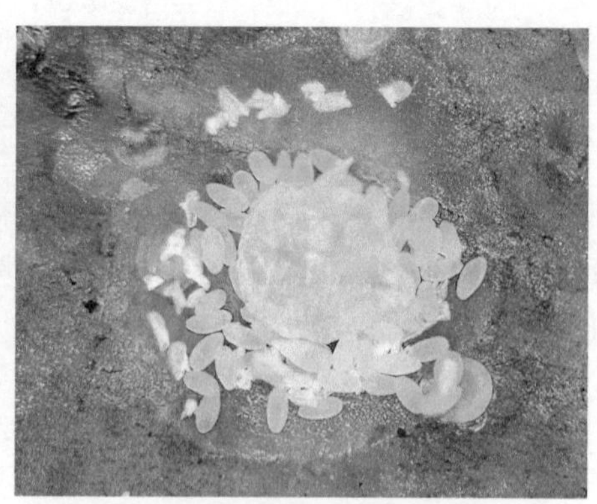

图2.43 椰圆蚧各雌虫及卵
（黄山春 拍摄）

图2.44　椰圆蚧为害槟榔叶片（黄山春　拍摄）

参考文献

段波，朱国渊，阿红昌，等，2014. 云南省椰子主要病虫害种类初步调查[J]. 热带农业科技，37（3）：23-26.

黄山春，许喆，林松，等，2014. 万宁市槟榔主要害虫的发生与防治[J]. 江西农业学报，26（2）：81-84，88.

李涛，2010. 中国圆盾蚧族分类研究（半翅目：盾蚧科）[D]. 杨凌：西北农林科技大学.

邵元海，周静峰，徐德良，2010. 茶椰圆蚧若虫空间分布型及抽样技术[J]. 中国茶叶，32（5）：26-27.

覃连红，谢彦洁，黄艳花，等，2009. 南宁市绿化植物介壳虫的发生及为害调查初报[J]. 广西植保，22（2）：16-18.

魏久锋，2011. 中国圆盾蚧亚科分类研究（半翅目：盾蚧科）[D]. 杨凌：西北农林科技大学.

吴元，陈贯州，陈书贵，等，2020. 槟榔苗期主要病虫害为害症状及防治方法[J]. 植物医生，33（2）：63-69.

徐法三，莫小荣，吴群，2018. 阿维菌素等药剂防治柑橘椰圆蚧试验[J]. 浙江柑橘，35（2）：14-16.

曾兆华，赵士熙，吴光远，2000. 茶椰圆蚧的生物学特性及其防治[J]. 福建农业大学学报（自然科学版），29（2）：210-215.

SALAHUDDIN B，RAHMAN H U，KHAN I，et al.，2015. Incidence and management of coconut scale，*Aspidiotus destructor* signoret（Hemiptera：

Diaspididae), and its parasitoids on mango (*Mangifera* sp.) [J]. Crop Protection, 74 (2): 103-109.

（刘华伟）

第十一节　矢　尖　蚧

矢尖蚧（*Unaspis yanonensis* Kuwana），又名箭头介壳虫、矢尖介壳虫、矢尖盾蚧、矢根蚧、箭形纵脊介壳虫、箭羽竹壳虫等，隶属于半翅目（Hemiptera）盾蚧科（Diaspididae）矢尖蚧属（*Unaspis*）昆虫。

一、识别特征

雌成虫蚧壳长形稍弯曲，褐色或棕色，长约3.5 mm，前窄后宽，末端稍窄形似箭头，中央有一明显纵脊，前端有两个黄褐色壳点。雌成虫橙红色长形，胸部长腹部短。雄成虫橙红色，复眼深黑色，触角、足和尾部淡黄色，翅一对无色。

卵椭圆形，橙黄色。初孵的幼蚧体扁平椭圆形橙黄色，复眼紫黑色，触角浅棕色，足3对淡黄色，腹末有尾毛1对，固定后体黄褐色，足和尾毛消失触角收缩，雄虫体背有卷曲状蜡丝。2龄雌虫蚧壳扁平淡黄色半透明，中央无纵脊，壳点1个，虫体橙黄色。2龄雄虫淡橙黄色，复眼紫褐色，初期蚧壳上有3条白色蜡丝带形似飞鸟状，后蜡丝不断增多而覆盖虫体，形成有条纵沟的长桶形白色蚧壳，前端有黄褐色壳点。

蛹橙黄色，长卵形，复眼红褐色，腹部末端黄褐色，后期腹部末端有生殖刺芽。

二、为害特点

矢尖蚧以成虫和若虫在寄主植物的叶片、果实、嫩枝、嫩芽或枝干上为害，吸取组织汁液，受害的叶片变黄、卷曲、提早落叶。此外，矢尖蚧为害常伴随煤烟病的发生，光合作用受阻，树体同化物质积累少，受害植株树势衰弱，严重的造成整株枯死。

三、分布

矢尖蚧在国内分布于海南、河北、山西、陕西、江苏、浙江、福建、湖北、湖南、河南、山东、江西、广东、广西、四川、云南、安徽和台湾等省、自治区，国外分布于印度、日本及大洋洲、北美洲等地。

寄主：有槟榔、椰子、杧果、荔枝、龙眼、柑橘、柠檬、茶树和橡胶。

四、生活习性

每年通常有2～4代，主要以雌蚧成虫越冬，少数以低龄若虫越冬，寄生在老叶或树枝梗上，世代重叠现象严重。每年4月下旬平均温度19 ℃以上时，越冬雌成虫开始产卵。其生殖方式为两性生殖，繁殖力强。第1代若虫高峰期在5月中、下旬，第2代若虫高峰期在7月中旬，第3若虫高峰期出现在9月上、中旬。成虫产卵期长达40多天。卵产于母体下，卵期2～3 h。在23.8 ℃时，雌虫1、2龄各为19.7 d和15.8 d，雄虫1龄为20 d。初孵若虫行动较为活泼，体轻，能随风传播，经1～2 h后，固定在枝、叶、果上吸食为害，次日分泌棉絮状蜡质，虫体在蜕皮壳下继续生长，变为雌成虫。

五、形态特征图、为害症状图

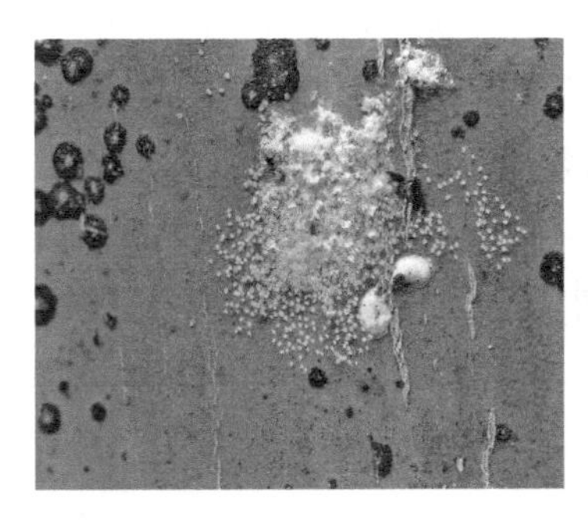

图2.45 矢尖蚧为害槟榔叶片（刘博 拍摄）

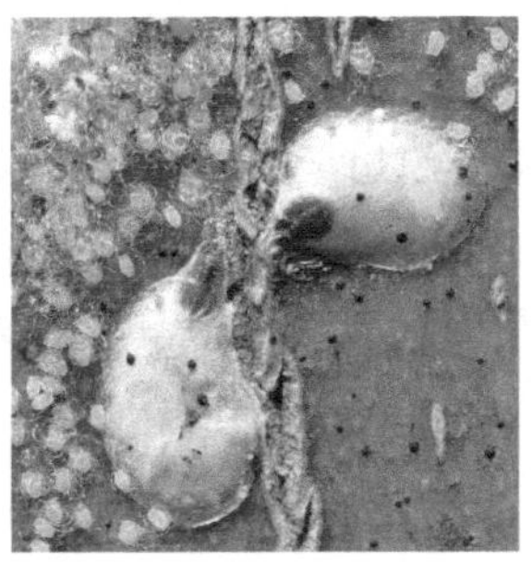

图2.46 矢尖蚧成虫及幼虫（刘博 拍摄）

图2.47 矢尖蚧为害槟榔叶片（吕朝军 拍摄）

参考文献

黄良炉，张权炳，王代武，等，1983. 矢尖蚧生物学特性及其防治研究[J]. 植物保护学报，10（1）：19-24.

江西林，戴小华，郭青云，等，2017. 矢尖蚧在天竺桂叶上不同尺度空间分布格局研究[J]. 赣南师范大学学报，38（6）：123-126.
李火苟，刘光华，黄月英，等，1995. 柑桔矢尖蚧空间分布的调查分析[J]. 江西植保（3）：17-19.
刘开基，陈恩明，2012. 柑桔矢尖蚧发生分布规律及防治技术[J]. 中国果菜（5）：34-35.
王子清，1980. 常见介壳虫鉴定手册[M]. 北京：科学出版社：74-81.
钟小坚，陈新泉，罗秀荣，等，2006. 矢尖蚧在沙田柚上的生物学特性[J]. 植物检疫，20（5）：284-285.

（马光昌）

第十二节　双条拂粉蚧

双条拂粉蚧（*Ferrisia virgata* Cockerell），又称丝粉蚧、条拂粉蚧、橘腺刺粉蚧、大长尾介壳虫，英文名striped mealybug，隶属于半翅目（Hemiptera）蚧总科（Coccoidea）粉蚧科（Pseudococcidae）拂粉蚧属（*Ferrisia*）。

一、识别特征

活成虫虫体卵圆形，深红色，体长约4.5 mm，体宽2.8 mm。体外被白色蜡粉和许多玻璃状细长丝，沿背部具2条暗色长纹，无蜡状侧丝。体缘深“V”形，仅具1对刺孔群。触角8节，细长。眼位于触角后头部边缘。足正常发育。臀瓣发达，粗大而明显突出于肛环两侧。腹裂1个，大而明显，椭圆形。胸气门口无盘状腺。具前后背裂。肛环具内外2列孔和6根肛环刺。三孔腺分布于背、腹两面。多孔腺主要分布在阴门周围。放射刺管腺分布于体背部边缘，其周围有1圈硬化片，上着生1～5根长毛。管状腺分布于虫体腹面。尾端有2根长蜡丝，可达体长的1/2。

二、为害特点

双条拂粉蚧主要以雌成虫和若虫聚集在叶片、嫩枝刺吸为害，初孵若虫从卵囊下爬出，固定在叶片和嫩枝吸食汁液造成叶片变黄枯萎、脱落，干枯，并且可排泄蜜露诱发煤污病，影响树体的光合作用。同时，双条拂粉蚧在非洲是可可肿枝病毒（CSSV）的传播媒介，能传播该病毒的所有株系，在印度传播胡椒黄斑驳病毒（PYMV）。

三、分布与寄主植物

广东、广西、云南、福建、江西、湖南、湖北、四川、浙江、河南、河北、西藏、台湾。

寄主：主要为害槟榔、椰子、番木瓜、番荔枝、番石榴、番茄、茄子、甘蔗、甘薯、木薯、咖啡、可可、仙人掌、杧果、菠萝、茶叶、花生、棉花、杜鹃、秋葵、木槿、夹竹桃等200种农林作物。

四、生活习性

若虫在母体附近活动，3龄若虫、成虫体外背有白色绵状物，附近常伴有蚂蚁取食其分泌的蜜露，部份个体受惊扰后向外扩散或随风传播。卵单产，若虫3龄，根据不同温度雌虫若虫期约43.2～92.6 d，雄虫若虫期约25.4 d。雌成虫寿命12～31 d，产卵量64～78头。

五、形态特征图、为害症状图

图2.48 双条拂粉蚧雌虫
（黄山春 拍摄）

图2.49 双条拂粉蚧为害
（黄山春 拍摄）

参考文献

白学慧，吴贵宏，邵维治，等，2017. 云南咖啡害虫双条拂粉蚧发生初报[J]. 热带农业科学，37（6）：35-37，48.

李伟才，何衍彪，詹儒林，等，2012. 广东龙眼害虫双条拂粉蚧发生危害初报[J]. 广东农业科学，39（6）：152-153

李忠，2016. 中国园林植物蚧虫[M]. 成都：四川科学技术出版社.
汤祊德，1992. 中国粉蚧科[M]. 北京：中国农业科技出版社.
中国科学院中国动物委员会，2001. 中国动物志昆虫纲：第22卷[M]. 北京：科学出版社.

（黄山春）

第十三节 椰子坚蚜

椰子坚蚜（*Cerataphis lataniae* Boisduval），又名椰子虱蚜，半翅目（Hemiptera）扁蚜科（Hormaphididae）雕胸扁蚜属（*Cerataphis*）。

一、识别特征

无翅孤雌蚜：体卵圆形、体长1.31 mm，宽1.038 mm。活体黑色，被白蜡粉，腹后部有1对蜡丝。体背骨化轻，淡褐色；复眼暗褐色；触角、喙第四、五节及足各节、尾片、尾板、生殖板褐色。头顶褐色，有刻纹。尾片、尾板和生殖板有稀疏小刺突瓦纹。体缘有圆形或卵圆形蜡胞，形成圆齿状边缘。体背毛短尖而少，头部背面中毛2对，侧毛2对，缘毛3对；胸部各节背板各缘毛2对，中、侧毛分别为5根、6根和7根。

有翅孤雌蚜：体椭圆形、体长1.40 mm，宽0.63 mm。头顶毛1对，头背中毛3根，侧毛3根，缘毛2对。喙端部达前足基节，为后足附11节的1.40倍，共有毛3对，后足股节长0.33 mm。尾板两裂片，共有毛18根。生殖板有毛15根。生殖突2个，各有毛6根。

二、为害特点

以成虫和若虫聚集在寄主的果实、花穗、叶柄和未展的心叶上吸食汁液，该虫的排泄物能诱发煤污病，使、叶、果受到污染，导致叶落，严重影响产量和质量。

三、分布

国内：台湾、海南（乐东）。国外：印度、印度尼西亚（爪哇）、英国、美国、新西兰。

寄主：有槟榔、假槟榔、百足藤、椰子、拉坦棕属拉塔尼亚芭蕉。

四、生活习性

在海南，椰子坚蚜一年四季均可为害槟榔，没有越冬现象，冬春季节椰子坚蚜的繁殖能力较强。椰子坚蚜主要在槟榔的果实、花穗、叶柄和未展的心叶上吸食，并繁殖后代。椰子坚蚜与蚂蚁有共生关系，蚂蚁会在椰子坚蚜聚集发生处活动，取食蚜虫分泌蜜物，并驱赶蚜虫的天敌。

五、形态特征图、为害症状图

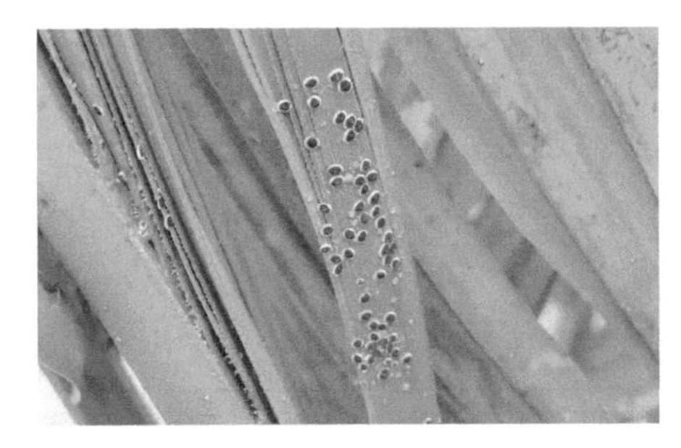

图2.50　椰子坚蚜为害症
（黄山春　拍摄）

图2.51　椰子坚蚜为害症
（黄山春　拍摄）

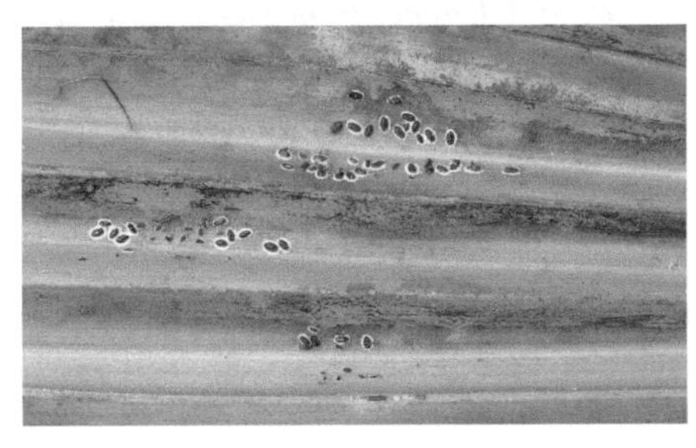

图2.52　椰子坚蚜诱发煤烟病
（唐庆华　拍摄）

图2.53　椰子坚蚜诱发煤烟病
（黄山春　拍摄）

图2.54　椰子坚蚜成虫
（黄山春　拍摄）

图2.55　椰子坚蚜若虫
（黄山春　拍摄）

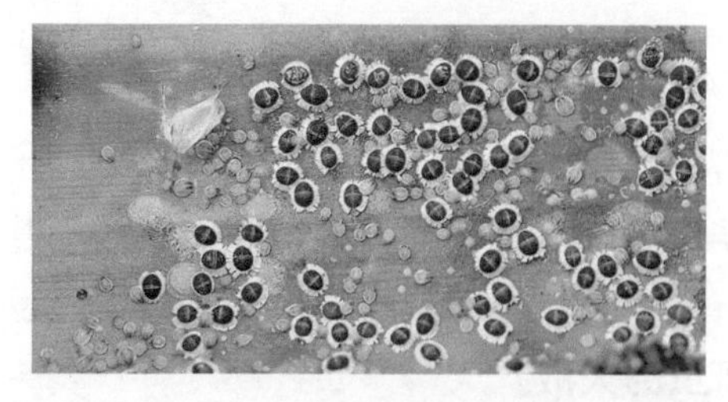
图2.56 椰子坚蚜成虫及若虫（刘博 拍摄）

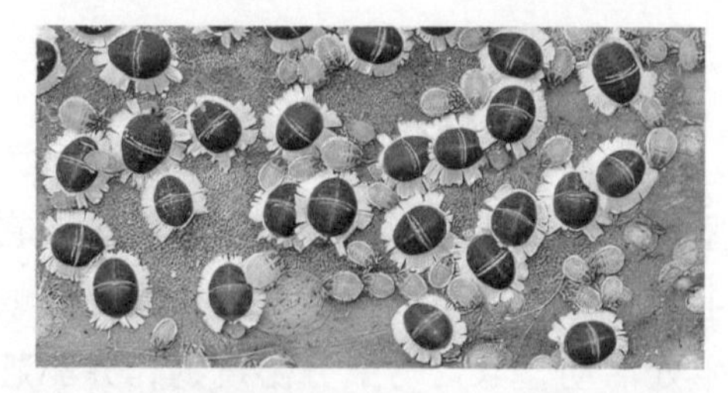
图2.57 成虫及若虫（放大）（刘博 拍摄）

参考文献

郭昆，2010. 中国扁蚜科的系统分类研究（同翅目：蚜总科）[D]. 杨凌：西北农林科技大学.

（黄山春）

第十四节 红棕象甲

红棕象甲（*Rhynchophorus ferrugineus* Fab）又名锈色棕榈象，属鞘翅目（Coleoptera）象甲科（Curculionidae）棕榈象属（*Rhynchophorus*），是椰子、椰枣和槟榔等棕榈植物的毁灭性害虫。

一、识别特征

红棕象甲成虫体长20 ~ 40 mm，体壁坚硬，身体红褐色，成虫头部的延伸部分为喙，喙圆柱形，雄虫喙的背缘有一簇毛，雌成虫无此特征。鞘翅较腹部短，腹末外露。初龄幼虫乳白色，老熟幼虫黄白色，头部坚硬红褐色，体表柔软、肥胖，纺锤形，无足，呈弯曲状。蛹为离蛹，长椭圆形，长20 ~ 38 mm，宽9 ~ 16 mm，初化蛹乳白色，后渐转为褐色，蛹外被一束寄主植物纤维构成的长椭圆形茧。

二、为害特点

红棕象甲成虫一般不直接为害，主要是幼虫钻蛀为害。成虫在植株树冠附近的伤痕、裂口、裂缝里产卵孵化，以幼虫钻蛀为害顶端茎干的幼嫩组织，一旦受害便很严重。早期为害很难被察觉，后期才易看出。初为害时，新抽的叶片残缺不全；为害后期，中心叶片干枯，并从蛀孔中排出废弃的纤维屑或褐色黏稠液体。受害严重的植株，新叶凋萎，生长点死亡，只剩下数片老叶，此时植株难以挽救。有的树干甚至被蛀食中空，只剩下空壳。尽管槟榔园中红棕象甲分布较少，但也可导致植株死亡。

三、分布和寄主植物

红棕象甲全球分布主要集中在中东、南亚、东亚、太平洋诸岛和地中海沿岸部分国家及地区。我国主要分布海南、广东、台湾、香港、广西、福建、云南、四川、重庆、贵州、江西、湖南、浙江（南部）等地区。

寄主：椰子、槟榔、椰枣、霸王榈、加纳利海枣、桄榔、糖棕、马尼拉椰子、鱼尾葵、贝叶棕、油棕、越南蒲葵、中国蒲葵、大叶蒲葵、西谷椰子、美丽针葵、刺葵、银海枣、散尾葵、大王棕、棕榈、华盛顿棕、台湾海枣、假槟榔、酒瓶椰子、三角椰子和甘蔗等多种。

四、生活习性

红棕象甲有卵、幼虫、蛹、成虫4种虫态，属于完全变态昆虫，且4种虫态均可以在寄主植物内部渡过，世代重叠严重。红棕象甲成虫白天一般很隐蔽，仅在取食和交配时飞出。成虫一般羽化后即可交尾，交尾发生多次。雌虫将卵产入寄主叶柄或树冠伤口、裂缝处。幼虫孵化后，便取食寄主的幼嫩组织并靠身体收缩蠕动向树干内部钻蛀，在寄主植物内部形成错综复杂的蛀道。发育至老熟幼虫时，便利用寄主纤维做茧化蛹。红棕象甲单雌产卵量为58～531粒，卵孵化历期为1～6 d；幼虫期最长，需要25～105 d；老熟幼虫做茧化蛹后，需要11～45 d才能羽化为成虫。

五、形态特征图、为害症状图

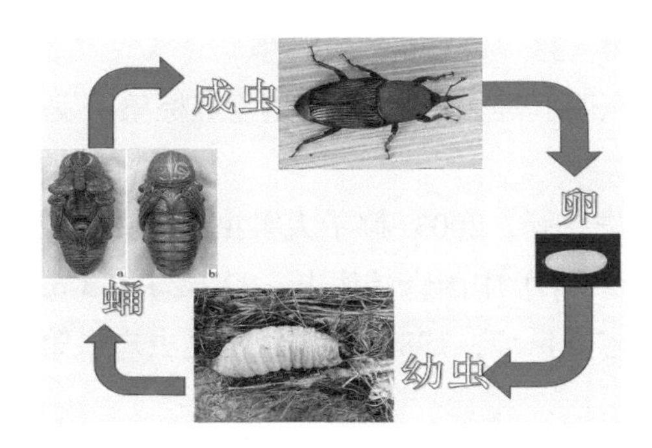

图2.58　红棕象甲完全变态图（黄山春　绘制）

图2.59 红棕象甲为害槟榔（黄丽云 拍摄）

参考文献

黄山春，李朝绪，阎伟，等，2011. 红棕象甲新型诱捕器的研制与应用[J]. 江西农业学报，23（9）：86-87，97.

黄山春，马子龙，覃伟权，等，2008. 红棕象甲聚集信息素引诱桶的制作及应用[J]. 林业科技开发，22（3）：94-96.

黄山春，覃伟权，李朝绪，等，2010. 红棕象甲为害调查与诱集监测[J]. 热带作物学报，31（4）：640-645.

鞠瑞亭，李跃忠，杜予州，等，2006. 警惕外来危险害虫红棕象甲的扩散[J]. 昆虫知识，43（2）：159-163.

刘奎，彭正强，符悦冠，2002. 红棕象甲研究进展[J]. 热带农业科学，22（2）：70-77.

宋玉双，2005. 十九种林业检疫性有害生物简介（Ⅱ）[J]. 中国森林病虫，24（2）：32-37.

覃伟权，赵辉，韩超文，2002. 红棕象甲在海南发生为害规律及其防治[J]. 云南热作科技（4）：29-30，33.

伍有声，董担林，刘东明，等，1998. 棕榈植物红棕象甲发生调查初报[J]. 广东园林（1）：38-38.

张润志，任立，孙江华，等，2003. 椰子大害虫——锈色棕榈象及其近缘种的鉴别（鞘翅目：象虫科）[J]. 中国森林病虫，22（2）：3-6.

中国科学院中国动物志委员会，1980. 中国经济昆虫志：第20册[M]. 北京：科学出版社.

（黄山春、刘华伟）

第十五节　椰花四星象甲

椰花四星象甲（*Diocalandra frumenti* Fabricius），别名椰花二点象、四星椰象，英文名为Four-spotted coconut weevil，隶属于鞘翅目（Coleoptera）象虫科（Curculionidae）隐颏象亚科（Dryophthorinae）二点象属（*Diocalandra*）。

一、识别特征

成虫：体长5～6 mm，体宽1.3～1.7 mm，颜色呈赤褐色至黑褐色，体表具刚毛；前胸背板上有明显的三角形暗色斑块，斑块中央颜色较浅；鞘翅上有明显的4个黄色的斑块，排成前后两排，前排两个较大，后排两个较小。臀板外露，臀板近基部无中纵沟，上有一列松散的刚毛带。雄成虫身体略小，体长约为5 mm，宽约1.3 mm，喙短而粗且略弯曲。雌成虫体型大，体长约6 mm，宽约1.6～1.7 mm，喙长而细且较直。

卵：长椭圆形，白色，表面光滑，平均长约0.8 mm，宽约0.4 mm。

幼虫：最大体长为9.0 mm，最大体宽3.0 mm，头部最宽1.3 mm。身体亚圆柱形，头部淡黄色，后方有一个透明的表面内突，边缘暗褐色；头盖背面刚毛2、4和前额的刚毛1细小，内侧隆线不明显。前额骨片前面的中臂不明显，后臂长，尖锐。腹末端扁平，胸足退化，气门梨形。

蛹：裸蛹，雄蛹长约6.6～6.8 mm，雌蛹长6.5～7.3 mm。初时乳白色，后期呈褐色。喙有刚毛3对；腹部第九节背面和腹面各有一对突起的肉瘤，肉瘤上各着生刚毛1根；足的每一节端部各有刚毛1根。

二、为害特点

椰花四星象甲的成虫一般不直接为害椰子、槟榔等其他棕榈科植物，主要以幼虫蛀食寄主植物的茎干、叶柄、花柄、花序、果蒂、果实等部位，其在柔软多汁的部位潜行取食，可纵向或横向移动，切断水分及养分运输，导致叶片黄化、叶柄坏死、花苞枯萎、花序脱落、果蒂干枯腐烂。为害初期在被害部位外面流出暗红色透明树脂，严重时遇强风时容易折断，可导致寄主植物死亡。

三、分布

椰花四星象甲主要分布在热带和亚热带的一些国家和地区，国内分布于海南、福建、广东、广西、云南和台湾；国外分布于日本、新加坡、印度、斯里兰卡、泰国、马来西亚群岛、印度尼西亚、马达加斯加、东部非洲、坦桑尼亚的桑给巴尔岛、澳大利亚的昆士兰北部以及厄瓜多尔。

寄主：槟榔、椰子、油棕、棍棒椰子、大王椰子、加拿利海枣、罗比亲王海枣及*Areca*属、*Borassus*属、*Elaeis*属、*Nypa*属、*Sorghum*属等棕榈科植物。

四、生活习性

该虫1年发生3～4代，完成一个生活史需70～90 d，卵期为4～9 d，幼虫期56～70 d，蛹期10～12 d。世代重叠。椰花四星象甲成虫在海南有2个明显的活动高峰期，分别为3—4月和9—10月。雌成虫交尾后1～4 d即在寄主植物的伤口、裂缝中或茎干、叶柄、花苞、果蒂等基部产卵。卵散产，卵期为4～9 d。幼虫孵化后，即向四周幼嫩组织钻蛀为害，被害植株分泌出暗红色透明树脂。老熟幼虫潜行至叶鞘周边干燥部位，藏身于纤维碎屑中化蛹，裸蛹，无蛹室。羽化时，鞘翅先变淡褐色，随后身体变长，最后以口器钻开叶鞘内面表皮，穿孔而出。

五、形态特征图、为害症状图

图2.60　椰花四星象甲卵
（黄山春　拍摄）

图2.61　椰花四星象甲幼虫
（黄山春　拍摄）

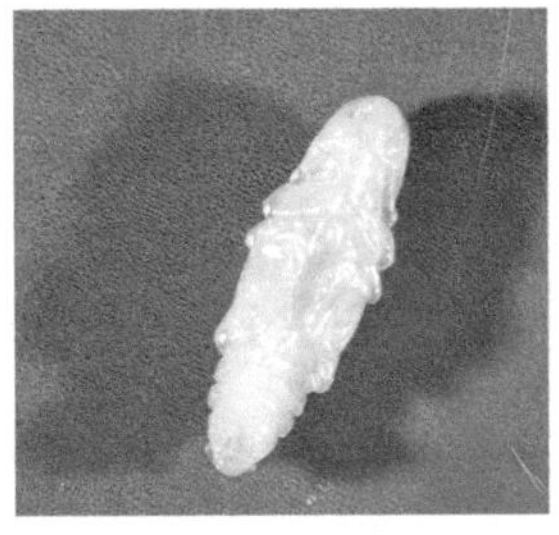

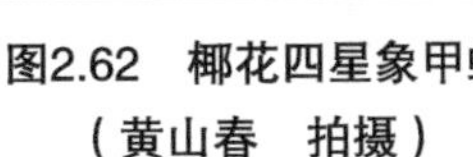

图2.62 椰花四星象甲蛹
（黄山春 拍摄）

图2.63 椰花四星象甲成虫
（黄山春 拍摄）

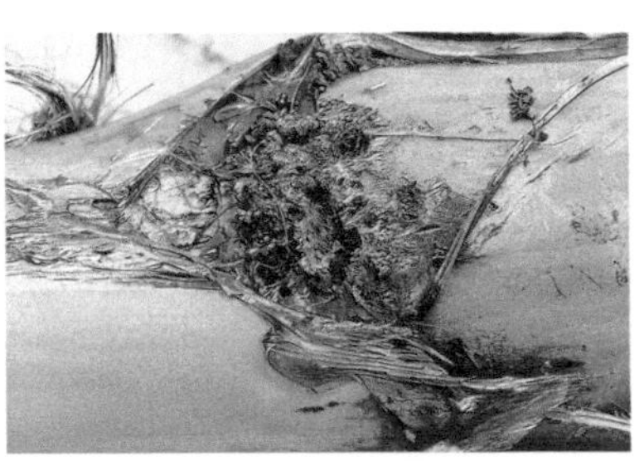

图2.64 椰花四星象甲为害
（马光昌 拍摄）

图2.65 椰花四星象甲为害
（马光昌 拍摄）

图2.66 椰花四星象甲为害
（马光昌 拍摄）

参考文献

高泉准，刘长明，谢惠英，等，2009. 四星椰象及其在加拿利海枣上的危害[J]. 植物检疫，23（5）：31-33.

黄山春，覃伟权，马子龙，等，2007. 我国棕榈植物主要外来入侵害虫及其防治[J]. 现代农业科技（9）：91-92.

吕秀霞，任立，张润志，2003. 危险性害虫椰花二点象及其近缘种的鉴别（鞘翅目：象虫科）[J]. 中国森林病虫，22（6）：1-4.

覃伟权，2002. 椰花四星象甲生物学特性及其危害规律的研究[J]. 植物保护，28（2）：27-28.

张禹，李伟丰，韦剑，2012. 广西口岸首次截获椰花二点象[J]. 植物检疫，26（5）：65.

（马光昌）

第十六节 香蕉冠网蝽

香蕉冠网蝽（*Stephanitis typica*），隶属半翅目（Hemiptera）网蝽科（Tingidae）昆虫，又称香蕉花网蝽、香蕉网蝽。

一、识别特征

成虫体长2.1～2.4 mm，刚羽化银白色，渐成灰白色。前翅膜质透明，长椭圆形，具网状纹，翅基及端部，有黑色横斑，后翅狭长无网纹，有毛；头小，呈棕褐色；在前胸背两侧及头顶部分有一块白色膜突出，上具网状纹，似“花冠”。

卵长椭圆形，稍弯曲，顶端有一卵圆形的灰褐卵盖，初产时无色透明，后期变为白色。

若虫共5龄。1龄体长0.5～0.7 mm，刚孵化白色，体光滑，体刺极不明显。头部淡黄褐色，复眼淡红色。2龄体长0.8～1.2 mm，头部黄褐色，复眼红色。体刺明显可见。3龄体长1.4～1.6 mm，头部棕褐色，复眼深红色，翅芽出现，体刺肉眼可见。4龄体长1.7～1.9 mm，头部褐色，复眼紫红色，翅芽明显可见，伸达第1腹节，腹部中段黑褐色。5龄体长2～2.1 mm，头部黑褐色，复眼紫红色。前胸背板盖及头部基半，两侧缘稍突出。翅芽已达第3腹节，其基部及末端有1个黑色横斑。

二、为害特点

成虫和若虫群集于寄主植物叶背面取食，破坏植物的叶绿体，受害叶片出现许多浓密的褐黑色小斑点，正面呈花白色斑，影响植物的光合作用，严重时，叶片卷曲，早衰枯死。

三、分布

香蕉冠网蝽在国内分布于海南、广东、广西、云南、福建和台湾等地，国外分布于巴布亚新几内亚、印度尼西亚、日本、马来西亚、巴基斯坦、斯里兰卡、印度和菲律宾等国家和地区。

寄主：主要有槟榔、椰子、芭蕉属、姜科山姜属、姜花属、番荔枝属及木菠萝属的植物。

四、生活习性

香蕉冠网蝽年发生6～7代，世代重叠，无明显越冬期。4—11月为成虫羽化期，卵和若虫的发育起点温度分别为14.7 ℃和12.5 ℃。有效积温478日·度。在23～27 ℃气温条件下，卵期13～15 d，若虫期13～20 d，产卵前期8 d，世代历期34～43 d。交配后4 d开始产卵。卵产于叶背组织内，相对集中，卵上有胶质物覆盖，呈褐色斑块。每堆卵约10～20粒。每雌产卵50～60粒。成虫寿命约30 d，台风对该害虫的数量影响很大。小于15 ℃低温时成虫静伏不动，在夏季发生较多，旱季为害较为严重。

五、形态特征图、为害症状图

图2.67　香蕉冠网蝽成虫
（马光昌　拍摄）

图2.68　香蕉冠网蝽成虫背面
（李朝绪　拍摄）

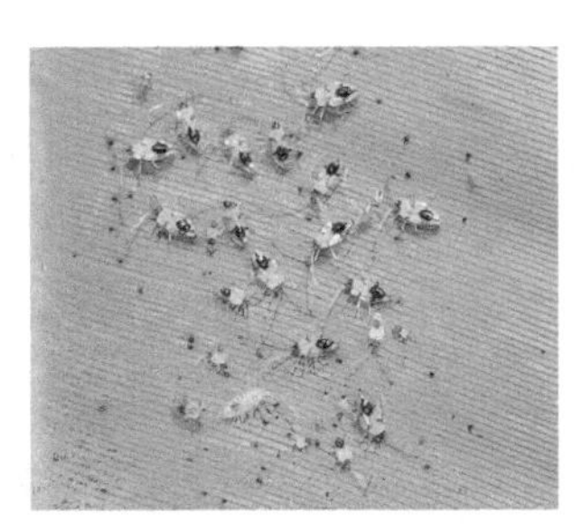

图2.69　香蕉冠网蝽若虫
（马光昌　拍摄）

参考文献

陈振耀，张洲桂，李恩杰，1984. 香蕉冠网蝽的初步研究[J]. 昆虫知识（5）：210-212.

章攀，游春平，邵蝴蝶，等，2019. 广东省半翅目桑树害虫种类与为害调查[J]. 广东农业科学，46（5）：83-93.

（马光昌）

第三章 槟榔生理性黄化及药害

海南省槟榔主要呈现分散化、小农化分布形式，种植方式也较为原始，尚未制订标准化和现代化管理规程或标准。实际上，槟榔对多种元素营养要求较高，但在传统种植方式中，农民常常认为槟榔是一种“懒人树”，无需进行水肥管理和营养补充，可靠天吃饭。槟榔树作为多年生常绿棕榈树种，树龄常常可达30年以上，每年通过果实和落叶从土壤中带走多种营养元素。同时，水肥管理的缺乏也使槟榔园对抗自然灾害的能力减弱，例如，2020年春季干旱就使得槟榔园出现大面积黄化现象，减产严重。另外，除草剂的滥用不仅对槟榔根系直接造成毒害，使槟榔元素吸收能力减弱，而且除草剂对地表植被破坏严重，进一步加剧了水土流失和营养元素的损失。

减缓槟榔生理性黄化问题，应当从种植地布局，品种选育和加强管理这几方面入手。通过在海南省槟榔不同产区选育或从海外有序引进性状优质的抗旱、抗逆、抗病、耐贫瘠的良种，加强槟榔对自然灾害的抵御能力。同时推广槟榔科学种植方式和槟榔园管理经验。

在这里，通过对槟榔园土质监测数据，提供健康槟榔园土壤元素推荐含量表（表3.1），以供槟榔种植业者参考，帮助合理补充施肥，缓解槟榔黄化现象。

表3.1　健康槟榔园土壤元素推荐含量表

	大量元素和pH值				
	pH值	有机质/%	碱解氮/（mg/kg）	速效磷/（mg/kg）	速效钾/（mg/kg）
推荐值	5.2 ~ 6.2 偏酸	>1.5 4级①	>85.0 3级①	>12.0 3级①	>115.0 3级①
	微量元素/（mg/kg）				
	有效铁	交换性镁	有效锌	有效铜	有效硼
推荐值	>27.0 1级①	>110.0 2级①	>1.0 2级①	>1.0 2级①	>0.25 4级①

①土壤养分分级根据“全国第二次土壤普查技术规程”的评级指标制订。

第一节 氮素缺乏

氮元素是植物生长所大量需要，且不可或缺的营养元素。氮素缺乏（Nitrogen Deficiency）会影响到槟榔正常生长的每一方面，包括叶片生长、开花挂果，并使槟榔抵御病虫害能力下降。而过量施用氮肥可能出现烧根，土壤板结等不良后果。海南省主要为酸性土壤，其有机质保存能力较差，加上农田开发建设历史长，雨水冲刷带来的水土流失，使得未经施肥的土壤有机质含量普遍较低。槟榔田地因缺乏氮肥引起的黄化现象最为普遍，减产减收最为突出。我们这里将对氮素缺乏引起的症状进行描述，并提供相应的解决方案。

一、症状

在长期缺乏恰当水肥管理和较少施肥的槟榔园中，常见因氮素缺乏引起的槟榔叶片黄化现象。可以从土壤元素分析和土质观察，叶片元素分析，叶片形态观察和分析可以确诊缺乏氮素引起的黄化症状。缺氮症状可以在育苗期和成长期有所体现。

在成树后的槟榔园中，全园成片黄化；叶片色泽均一呈现黄绿色、黄色，自老叶开始发生黄化。严重缺氮的叶片干枯呈棕色。在槟榔树长成之后氮素缺乏会出现叶片整体变黄（图3.1、图3.2），光和能力减弱，致使抗病和抗虫能力降低，果实偏小，产量降低。

在育苗期缺乏氮肥，可能造成植株徒长和幼苗整体性黄化，叶片较薄，蜡质层薄（图3.3、图3.4）。育苗期缺乏氮肥可能造成育苗成活率低，且植株弱化。

二、病因

槟榔缺氮症状可能产生的原因有外源性和内源性。外源性缺氮主要原因有：①土壤劣化造成的，包括土壤有机质和氮素含量极低；②土壤pH值低，影响根系离子交换和营养吸收。内源性缺氮则因素较为复杂，和病原体感染引起的输导组织堵塞，根腐病等根部病症引起的吸收能力下降以及除草剂对根部的毒害密切相关。

我们在这里列表显示槟榔田推荐土壤肥力标准（表3.1），为氮素以及其他大量和中量元素提供建议。

三、发病规律

槟榔缺氮黄化主要和槟榔园整体水肥管理缺失相关，往往整片槟榔园出现相似症状。缺氮初期黄叶表型不明显，会出现槟榔产量降低和坐果率下降的情况。缺氮严重时整株槟榔叶片发黄，产量严重下降。

四、防治措施

施用可溶性有机肥和速效氮肥可以快速高效地改善缺氮症状，易于治标。在槟榔园中通过综合管理，营造长效和健康的土壤环境更为治本。建议在槟榔园中埋施羊粪肥等有机肥，种植柱花草等具有土质改良作用的牧草，改善林下环境和施用速效肥并重的方式，进行治理。

五、附图

图3.1 氮素缺乏黄化槟榔园（李佳 拍摄）

图3.2 氮素缺乏槟榔植株（李佳 拍摄）

图3.3 苗期氮素缺乏影响幼苗和根部发育（崔闯 拍摄）

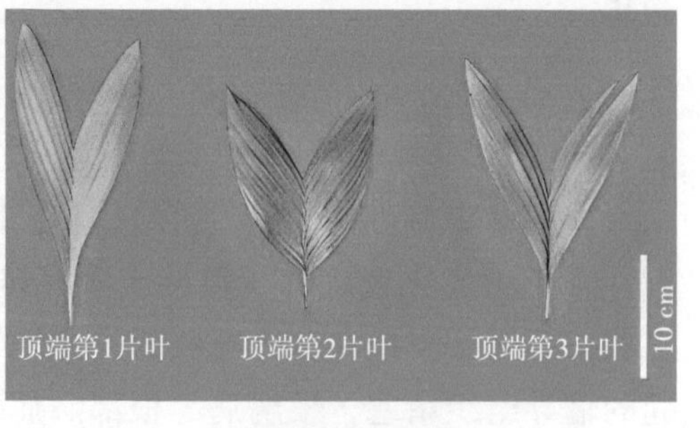

图3.4 苗期氮素缺乏导致叶片黄化（崔闯 拍摄）

（万迎朗、刘立云、李佳）

第二节 缺铁与缺锌

海南省土地以红壤为主，其中铁元素丰富，但槟榔植株对铁元素需求旺盛，特别是在槟榔苗圃中，容易出现槟榔缺铁黄化现象。同时，槟榔锌元素和铁元素吸收呈现很强的相关性和协同性。铁锌元素缺乏（Iron and zinc deficiency）导致黄化症状类似，且容易同时出现。锌铁元素含量推荐标准可参考表3.1。

一、症状

缺铁槟榔树从新抽出的叶片开始黄化。叶片症状为脉间失绿，叶片呈现淡黄色。缺锌槟榔树叶片呈现整体淡黄色现象，但叶片显示为网格状黄化，即叶脉和叶脉间连线为绿色，叶肉较为黄化。

二、病因

槟榔苗期对铁元素需求旺盛，土壤中主要为槟榔难以直接吸收的三价铁元素，而根对三价铁元素转化吸收难以满足需要。同时，槟榔幼苗阶段对镁和铝的吸收，可能均通过*AcZIP*基因所编码的锌铁转运蛋白进行（ZINK-IRON PERMEASE，ZIP），元素之间有较强的互相作用。具体表现为在缺铁条件下，铁的吸收得到促进；而缺铁条件下，锌量也会升高。同时，过量施用则会影响相对元素的吸收。在生产中基本不存在苗期过量施用锌铁元素的情况，但却锌症状较为常见。

三、发病规律

主要在苗圃中出现新叶黄化，缺铁性黄化较早在新叶中出现，缺铁2周左右就呈现脉间失绿的淡黄色叶片（图3.5）。缺锌黄化较慢，缺锌1个月呈现网格状黄化叶片（图3.6）。

四、防治措施

补充含二价铁元素以及伴以锌元素复合肥，如硫酸亚铁锌制剂等。

五、附图

图3.5　槟榔苗缺铁黄化图片及其特征（崔闯　提供）

图3.6　槟榔苗缺锌黄化图片及其特征（李漪琳　提供）

（万迎朗、刘立云、李佳）

第三节　干　　旱

海南岛气候呈现热带岛屿型气候特征。每年春季是海南岛的旱季，而此期间又是槟榔生长旺盛，开花坐果的重要时期。干旱（Drought stress）可能造成槟榔生长减慢，树势变弱，同时在花期出现大量落花落果现象；旱情严重时，可能造成槟榔绝产甚至死亡。结合天气情况，正确识别槟榔干旱黄化现象有助于提升槟榔产量。

一、症状

其症状表现为槟榔叶片整片枯黄，萎蔫和下垂。严重时，槟榔花将会萎蔫，最外层叶片将提前脱落。干旱槟榔植株也因为缺水而导致蒸腾能力下降，元素吸收和植株降温保护能力下降。这是叶片常具有与日灼损伤相似的性状。槟榔苗期培育时，也容易受到旱情影响。10 d以上缺水即可造成叶片萎蔫和黄化。

二、病因

槟榔园缺少水肥管理措施，在干旱情况下缺乏应对能力。槟榔树缺水将诱发一系列生理反应。包括树叶黄化，落叶落花落果等。严重影响槟榔产量。

三、发病规律

干旱引起的生理性黄化症状往往出现在春季4—6月。连续3周以上干旱和高温天气将诱发黄化现象。保水能力差的山坡碎石土地干旱更为严重。

四、防治措施

在有条件地区的槟榔园中铺设滴灌或喷灌式供水设施。在山区可因地制宜，在高处建立蓄水池日常蓄水，于旱季通过水管合理适时供水。在零星种植的槟榔园可通过人力，旱季在黄昏时浇水。

槟榔育苗圃需要在旱季进行喷淋灌溉。一方面保持苗期健康，另一方面减低叶面温度，避免日灼伤害。

五、附图

图3.7　槟榔苗期干旱胁迫症状（李漪琳　拍摄）

图3.8　干旱黄化的槟榔育苗圃（万迎朗　拍摄）

图3.9　旱季黄化的槟榔园和育苗圃(万迎朗　拍摄）

图3.10　干旱黄化的槟榔树（万迎朗　拍摄）

（万迎朗、刘立云、李佳）

第四节　涝　　害

海南部分槟榔地位于低洼地区或由水田改造而成。田地缺乏排水设施，在降水后因为长期积水会引起涝害（Flood stress），可造成叶片黄化现象。长时间积水容易诱发根腐病，并因此影响槟榔树对养料和水分的吸收。涝害引起的叶片黄化现象可能在雨季过去之后自行消失，但会影响到当季的挂果和收成。严重时，槟榔树可能因根腐病引起的其他症状而死亡。

一、症状

对水淹其症状表现为槟榔叶片整片枯黄，萎蔫，与干旱状态叶片黄化现象类似。严重情况下，叶片尖端呈现焦灼状边缘。涝害期间，土层上的气生根生长可能会更加旺盛，但可以挖开土层，看到腐烂的营养根。

二、病因

槟榔园地处低洼，排水不善，长期降水使槟榔处于水淹状态或土壤水分过饱和。这样使槟榔根部呼吸不畅，养分和水分输送受阻，叶片实际缺水呈现黄化状。长期涝害会使根部免疫力下降，受病原菌侵扰出现根腐病等症状。进一步使槟榔树健康恶化。

三、发病规律

槟榔园地处低洼，排水不善，长期降水使槟榔处于水淹状态或土壤水分过饱和。

四、防治措施

在低洼地建槟榔园时应注意挖出排水沟，槟榔树苗应起垄栽培。如果已经有涝害侵扰，应当开挖排水沟排水，如已经产生根部腐烂现象，应去除病根，并按照根腐病进行治疗。

五、附图

图3.11　涝害受淹的槟榔园（王红星　拍摄）

（万迎朗、刘立云、李佳）

第五节　日　灼

一、症状

日灼（Sun scorch）症状表现为东南面和西南向阳面2 m以下的槟榔茎干易受害。受阳光长时间照射的茎部出现先呈现黄褐色病斑，随后病斑变成暗褐色，沿着茎干形成1～3 cm长的纵裂缝。病部组织在雨季长期处于潮湿状态，不易干燥，易受木腐菌的侵染而加速腐烂和扩展，在茎干上形成5 cm宽，长1 m以上的大裂缝。日灼组织坏死后，木腐菌和白蚁的进入加快茎部损害，受害树干遇强风容易折断。

二、病因

强光长时间照射槟榔茎干的局部组织，造成茎干局部组织温度过高而灼伤。后期诱发真菌侵染，使茎干衰弱，在强风期间，造成树干折断。

1. 发病规律

东南面和西南面无防护林的槟榔园易发生日灼病，病害常发生于槟榔树0.2～2.0 m无荫蔽的茎干上，已结果的槟榔树下层树干无荫蔽易受害。

2. 防治措施

在日灼病易发生的地区，可在槟榔园南面和西面边缘种植胡椒，让胡椒蔓攀缘槟榔茎干遮阴，可减少病害的发生。在槟榔园的南面和西面种速生树种。用干的树叶遮盖保护南面和西面的树干。

3. 为害症状图

图3.12　日灼症状（唐庆华　拍摄）

图3.13　严重灼伤后造成树干开裂（王红星　拍摄）

图3.14　严重灼伤症状（唐庆华　拍摄）

图3.15　沙砾土槟榔园缺少杂草覆盖极易发生日灼（唐庆华　拍摄）

（万迎朗、刘立云、李佳）

第六节　寒　　害

一、症状

寒害（Chilling stress）症状表现为冻害初期槟榔小叶会萎蔫收缩，冻害严重后花苞以及老叶容易出现黄化，呈蜡黄色，并枯萎脱落。在海南省槟榔冻害可能引起留种槟榔果减产和发芽率降低，也可能造成春季早果减产。

二、病因

槟榔作为热带树种，健康生长温度为15 ℃以上。在温度<15 ℃连续超过15 d，或在温度<10 ℃连续5 d以上，冻害引起的黄化现象容易出现。

三、发病规律

寒潮来临时，在海南省中部山区容易出现寒害症状。寒潮对海南岛的影响超过5 d以上或遭遇<5 ℃的极端低温，均容易出现大面积的冻害。

四、防治措施

寒流来临之前每天下午浇水，保持水土湿润，寒流过后叶片喷施杀菌剂和叶面肥，土壤增施有机肥5.0～7.5 kg/棵，N-P-K三元素复合肥0.25～0.40 kg/棵。症状会消退复绿。

五、为害症状图

图3.16　2021年初寒潮过后引起苞叶冻伤黄化和叶片黄化（万迎朗　拍摄）

图3.17 全园受害症状（唐庆华 拍摄）

图3.18 全园受害症状（唐庆华 拍摄）

图3.19 植株受害症状（唐庆华 拍摄）

图3.20 叶片受害症状（唐庆华 拍摄）

图3.21 整片复叶受害状（唐庆华 拍摄）

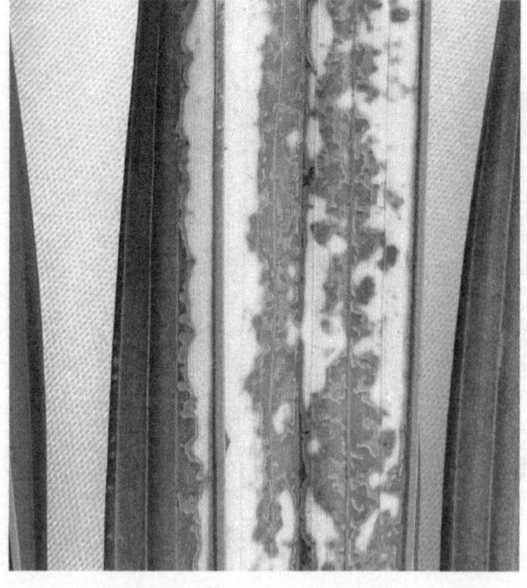

图3.22 小叶局部干枯（唐庆华 拍摄）

图3.23　2021年1月寒害植株受害症状
（唐庆华　拍摄）

图3.24　2021年4月植株恢复健康绿色
（唐庆华　拍摄）

（万迎朗、刘立云、李佳）

第七节　肥　　害

一、症状

肥害（Fertilizer stress）症状表现为槟榔树叶片均整体黄化，且老叶呈现焦黄色，严重时老叶脱落。槟榔根坏死，甚至腐烂。

二、病因

过度施用化肥或未腐熟的农家肥，造成烧根，槟榔树无法正常吸收水分和营养元素，造成叶片黄化现象。

三、发病规律

施肥不均匀槟榔园黄化。

四、防治措施

科学施肥，避免槟榔园不均匀施肥以及一次过量施肥。如果发生肥害，剪除坏叶，挖走肥料并大量浇水洗根。

五、附图

图3.25 发生肥害的槟榔植株
（王红星 拍摄）

图3.26 发生肥害的槟榔腐烂根系
（王红星 拍摄）

（万迎朗、刘立云、李佳）

第八节 花穗回枯病和除草剂药害

花穗回枯（Wilt of areca）和除草剂药害（Areca herbicide phytotoxicity）是尚具有争议的2种生理性病害。对于花穗回枯（图3.27、图3.28），尽管有学者认为主要是营养和生理因素引起，但实际上缺乏相应的试验证据。对于除草剂药害，近年来很多农技人员以及一些科研人员根据田间经验或调查数据都认为海南槟榔黄化现象的发生与在槟榔园长期使用除草剂有一定相关性。由于槟榔一直以来是作为一种“懒人植物”，广大农户“重种植、轻管理”“靠天吃饭”的思想和管理模式非常流行，加之城镇化的发展大背景下农村年轻人多进城务工或转为城里人造成农村劳动力大幅下降，生产中收获季节使用除草剂情况非常普遍（图3.29、图3.30）。在除草过程中，使用灭生性除草剂草甘膦多喷雾时多未避开槟榔根茎部位（树头）甚至施肥时用除草剂特地将树头杂草杀灭（然后在地表施用磷肥、有机肥）情况较多，导致暴露于地表的根系逐渐受害坏死，造成下层叶片黄化枯死，从而引发除草剂药害（图3.31）。这种因除草剂药害引起的黄化易与植原体引起的槟榔黄化病、隐症病毒引起的槟榔隐症病毒病以及缺素引起的槟榔叶片黄化相混淆。上述为除草剂使用的主流认识。然而，也有一些研究与之相悖。吴童童等对海南7个市县的槟榔黄化现象的发生情况和除草剂使用情况进行了调查，在调查的52个槟榔园中42个有黄化现象发生，这表明在海南槟榔黄化现象发生普遍。调查还发现除草剂在槟榔种植管理过程中使用普遍，除草剂使用历史越长，使用频率越大的槟榔园中，槟榔长势差。但是，用高效液相色谱法槟榔园土样中草甘膦和2, 4-滴丁酯残留的检测结果并不支持除草剂使用产生药害导致槟榔黄化的认知。我们进行盆栽以及大田除草剂试验，初步试验结果也不支持除草剂导致槟榔黄化的说法。需要指出的是这些实验仅为短期试验，离生产上除草剂长期使用、每年多次使用的现实差距尚远。因此，除草剂使用是否与药害槟榔黄化有相关性尚需进一步研究。

鉴于花穗回枯病和除草剂药害尚具有争议，我们暂将2种生理性病害列出（表3.2），以便为相关学者进行进一步研究提供参考。

表3.2　槟榔花穗回枯病和除草剂药害

病害名称及病因	症状	发生规律
花穗回枯病，主因是营养和生理因素	发病初期，从雄花的小花轴上首先出现浅褐色病斑，随后从顶部扩展至整个花轴，引起花穗萎蔫枯死（图3.27、图3.28），受害花轴的雌花变褐枯萎脱落。该病影响花穗营养供给，造成花穗枯死，引起落花落果。该病全年均可发病。另外，调查发现高温干旱季节发病更重	病害全年均有发生，干旱期尤为严重
除草剂药害，除草剂长期使用	喷施除草剂约1周后症状开始显现，连续多次使用除草剂后显症更明显。最初的症状是便随着槟榔根系周围杂草的枯死，暴露于地面的槟榔根系变褐坏死，受害槟榔下层叶片开始褪绿发黄，停用除草剂后黄化症状会逐渐消退，但伴随除草剂的多次使用，黄化症状逐渐向上蔓延，病情不断加重，先发病的黄叶相继枯死，暴露于地表的受害根系腐烂，并向地下发展，最终整株枯死，从根部折断倒伏	此病多发生与经常使用草甘膦类除草剂灭草的老槟榔园。槟榔为单子叶须根系植物，成龄后会有大量根系不断从茎基四周长出，向下伸长钻入土中吸收营养，其中会有部分根系暴露于地表。农户在喷施除草剂时未避开槟榔树头，在向树头周围杂草喷雾的同时，将大量除草剂药液喷雾到暴露于地面的根系上引发药害，导致根系坏死、腐烂和叶片发黄枯死。随着除草剂的多次使用，病情不断加重，最终植株死亡

附图

图3.27　花穗回枯病引起花穗萎蔫枯死（吴元　拍摄）

图3.28　花穗回枯病引起花穗萎蔫枯死（吴元　拍摄）

图3.29　施用除草剂的槟榔园（林兆威　拍摄）

图3.30　施用除草剂的槟榔园（唐庆华　拍摄）

图3.31　除草剂过量施用的槟榔园（李培征　拍摄）

参考文献

曹学仁，车海彦，罗大全，2016. 槟榔生理性黄化发生原因与防控建议[J]. 中国热带农业（2）：51-52.

李佳，曹先梅，刘立云，等，2019，镁对槟榔幼苗光合特性和叶绿体超微结构的影响[J]. 植物营养与肥料学报，25（11）：1949-1956.

李佳，刘立云，李艳，等，2018. 保水剂对干旱胁迫槟榔幼苗生理特征的影响[J]. 南方农业学报，49（1）：104-108.

李佳，刘立云，周焕起，2018. 不同产量水平下槟榔叶片碳氮代谢特征的差异比较[J]. 江苏农业科学，46（21）：152-154.

李佳，刘立云，周焕起，等，2019. 海南岛不同产量水平槟榔叶片营养元素丰缺状况调查[J]. 中国南方果树，48（1）：13-15，19.

李增平，罗大全，2007. 槟榔病虫害田间诊断图谱[M]. 北京：中国农业出版社.

李增平，郑服丛，2015. 热带作物病理学[M]. 北京：中国农业出版社.

刘立云，李佳，2020. 槟榔栽培[M]. 北京：中国农业科学技术出版社.

覃伟权，唐庆华，2015. 槟榔黄化病[M]. 北京：中国农业出版社.

覃伟权，朱辉，2011. 棕榈科植物病虫害的鉴定及防治[M]. 北京：中国农业出版社.

吴童童，2018. 海南槟榔林常用除草剂应用情况及残留检测研究[D]. 海口：海南大学：1-29.

吴童童，车海彦，曹学仁，等，2018. 海南槟榔黄化现象与除草剂残留关系初探[J]. 热带农业工程，42（1）：14-18.

BALASIMHA D，RAJAGOPAL V，2004. Arecanut[M]. Mangalore：Karavali Colour Cartons Ltd.

YADAV R B R，MATHAI C K，VELLAICHAMI K，1972. Role of nutrient elements and their deficiency symptoms with reference to arecanut[J]. Arecanut and Spices Bulletin（3）：4-7.

（吴元、唐庆华）

附 录

在海南省重大科技计划项目“槟榔黄化灾害防控及生态高效栽培技术研究与示范”（ZDKJ201817）的资助下，我们项目团队取得了一系列科研进展：

（1）针对传统巢式PCR技术检测槟榔黄化植原体灵敏度不足的缺点，重新设计了引物，检出率提升至少20倍。

（2）研发了检测灵敏度较传统巢式PCR灵敏度提高1 000倍的LAMP技术，该技术适用于槟榔黄化病的监测。

（3）在槟榔种苗里检测到植原体，为槟榔黄化病通过种苗进行远距离传播提供了证据。

（4）在黑刺粉虱等刺吸氏口器昆虫体内检测到了植原体，为槟榔黄化病媒介昆虫确认奠定了基础。

（5）发现槟榔黄叶病毒ALYV1（APV1）也是导致海南槟榔大面积黄化的一种病原。

（6）在槟榔种苗里检测到槟榔黄叶病毒ALYV1（APV1），为槟榔隐症病毒病通过种苗进行远距离传播提供了证据。

（7）发现了槟榔坏死环斑病毒病和坏死梭斑病毒病2种新病害，调查发现近年来2种病害在多个市县呈扩散趋势。

（8）对槟榔园中椰心叶甲种群动态规律进行了监测，为采用椰心叶甲寄生蜂进行生物防治奠定了基础。

（9）根据槟榔黄化病不断快速蔓延、生产上亟须指导策略和防控技术的现状以及团队在槟榔黄化病和槟榔黄叶病毒病病原检测及防控上的科研进展，及时编写并发布了《槟榔黄化病防控明白纸》。为了进一步促进上述主要病虫害的研究，本附录专门编订了相应的技术规程、规范，并将《槟榔黄化病防控明白纸》列入附录，以期促进“槟榔黄化病”的分类防控，保障槟榔产业的可持续发展。

（唐庆华、宋薇薇、黄惜）

附录1 基于巢式PCR的槟榔黄化病病原检测技术规程

1 范围

本标准规定了槟榔黄化病病原槟榔黄化植原体的检测方法。

本标准适用于槟榔植株槟榔黄化植原体的定性检测。

2 规范性引用文件

下列文件对于本文件的应用是必不可少的。凡是注日期的引用文件，仅所注日期的版本适用于本文件。凡是不注日期的引用文件，其最新版本（包括所有的修改版）适用于本文件。

NY/T 2252《槟榔黄化病病原物分子检测技术规范》。

DB46/T 220《槟榔黄化植原体检测技术规范》。

NY/T 3815—2020《槟榔黄化病检测技术规程》。

3 术语和定义

3.1 槟榔黄化病

由槟榔黄化植原体引起的一种槟榔病害，该病病原的分类地位、为害症状及地理分布见附录2。

3.2 槟榔黄化植原体

寄生于槟榔韧皮部筛管和媒介昆虫体内的一种无细胞壁的病原原核生物，可引起槟榔叶片黄化、树冠缩小等症状。

3.3 巢式聚合酶链式反应nested PCR，巢式PCR

利用2套PCR引物对（巢式引物）进行2轮PCR扩增，先用已对外引物进行第1轮PCR扩增，然后再用第1对引物扩增的DNA序列内部的1对引物再次扩增的方法。

4 巢式PCR检测所用的试剂、方法及仪器

见附录A。

5 巢式PCR引物设计

根据槟榔黄化植原体16S rDNA序列重新设计（附图1）。

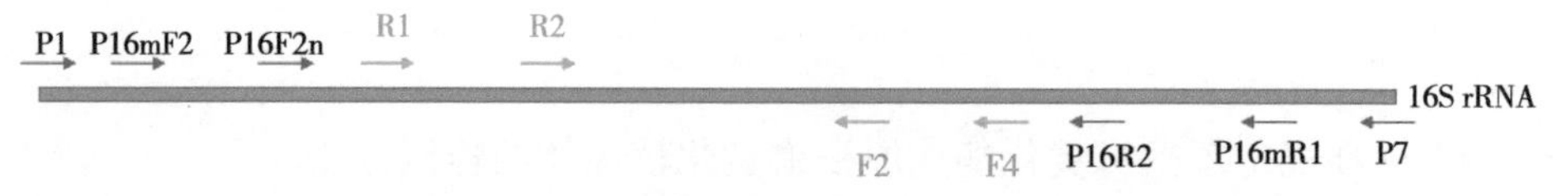

附图1 巢式PCR引物对F4/R1、F2/R2设计图

引物序列如下：

引物名称	引物序列（5′→3′）
F4	GCGGTTAAATAAGTTTATGG
R1	CACCGGGACATGCTGAT
F2	GCAAACAGGATTAGATACCCT
R2	CAATCCGAACTGAGACTGT

6 样品采集

根据槟榔黄化病的症状描述，初步确定目标植株是否为槟榔黄化病疑似病株。取疑似植株黄化叶片的小叶以及未表现症状的植株小叶，放入自封袋，做好标记，带回实验室。

7 叶片样品总DNA提取

采用天根植物基因组DNA提取试剂盒（DP305）提取样品总DNA。

①取植物新鲜组织约100 mg或干重组织约30 mg，加入液氮充分碾磨。②将研磨好的粉末迅速转移到预先装有700 μL 65 ℃预热缓冲液GP1的离心管中（实验前在预热的GP1中加入巯基乙醇使其终浓度为0.1%），迅速颠倒混匀后，将离心管放在65 ℃水浴20 min，水浴过程中颠倒离心管以混合样品数次。③加入700 μL氯仿，充分混匀，12 000 r/min（≈13 400 *g*）离心5 min。注：若提取富含多酚或淀粉的植物组织，可在第3步前，用酚∶氯仿/1∶1进行等体积抽提。④小心地将上一步所得上层水相转入一个新的离心管中，加入700 μL缓冲液GP2，充分混匀。⑤将混匀的液体转入吸附柱CB3中，12 000 r/min（≈13 400 *g*）离心30 s，弃掉废液。（吸附柱容积为700 μL左右，可分次加入离心。）⑥向吸附柱CB3中加入500 μL缓冲液GD（使用前请先检查是否已加入无水乙醇）12 000 r/min（≈13 400 *g*）离心30 s，倒掉废液，将吸附柱CB3放入收集管中。⑦向吸附柱CB3中加入700 μL漂洗液PW（使用前请先检查是否已加入无水

乙醇），12 000 r/min（≈13 400 *g*）离心30 s，倒掉废液，将吸附柱CB3放入收集管中。⑧向吸附柱CB3中加入500 μL漂洗液PW，12 000 r/min（≈13 400 *g*）离心30 s，倒掉废液。⑨将吸附柱CB3放回收集管中，12 000 r/min（≈13 400 *g*）离心2 min，倒掉废液将吸附柱CB3置于室温放置数分钟，以彻底晾干吸附材料中残余的漂洗液。⑩将吸附柱CB3转入一个干净的离心管中，向吸附膜的中间部位悬空滴加50～200 μL洗脱缓冲液TE，室温放置2～5 min，12 000 r/min（≈13 400 *g*）离心2 min，将溶液收集到离心管中。

8 巢式PCR扩增

待检样品检测时需要同时与测序确认的槟榔黄化病阳性DNA样品以及未表现症状的槟榔叶片提取的DNA以及无菌双蒸水作为阳性、阴性以及空白对照。PCR扩增采用BBI公司的*Taq* PCR Master Mix（B639293），直接PCR扩增体系为：10×Taq PCR Master Mix 12.5 μL，10 nm/mL引物F4/R1各1 μL，模板DNA 2 μL，补水至25 μL；巢式PCR扩增体系为：10×Taq PCR Master Mix 12.5 μL，10 nm/mL引物F2/R2各1 μL，第一轮扩增产物稀释20倍后取2.5 μL作为模板，补水至25 μL。

直接PCR反应条件为：94 ℃预变性4 min；94 ℃变性30 s；50 ℃退火45 s；72 ℃延伸60 s；共进行35个循环，最后72 ℃延伸10 min。巢式PCR反应条件为：94 ℃预变性4 min；94 ℃变性30 s；45 ℃退火30 s；72 ℃延伸45 s；共进行35个循环，最后72 ℃延伸10 min。

9 琼脂糖凝胶电泳

将5 μL PCR产物用浓度为1%的琼脂糖电泳分离（电压设置为120 V，时间为25 min），经溴化乙锭染色后于紫外灯下根据产物的大小判定结果。

10 结果判定

巢式PCR检测结果判定标准见附表1。

为进一步验证槟榔黄化病原检测结果判定的正确性，可抽取部分巢式PCR扩增产物或将全部阳性扩增产物送公司［如生工生物工程上海（股份）有限公司］进行测序，然后进行序列比对。

11 样品保存与销毁

经检测确定携带槟榔黄化植原体的阳性样品应置于−80 ℃冰箱保存90 d以

备复核或供其他技术进行验证。保存的样品需做好标记和登记工作。保存90 d后的样品若无需复核或其他试验用途应进行灭火处理。

附表1　巢式PCR检测结果判定标准

判定条件					判定结果
巢式PCR产物在525 bp处是否有条带出现					
情形	检测样品	空白对照	阴性对照	阳性对照	
1	是	否	否	是	样品含槟榔黄化植原体
2	否	否	否	是	样品不含槟榔黄化植原体
3	是/否	是/否	是/否	否	检测结果无效，将实验中的所有试剂更换，并重新提取样品的总DNA后再进行巢式PCR检测
4	是/否	是/否	是	是/否	
5	是/否	是	是/否	是/否	

附录1A
（规范性附录）
巢式PCR所用的仪器及试剂

1A.1　仪器设备

台式高速冷冻离心机、组织磨碎机、PCR仪、凝胶成像系统、电泳仪等。

1A.2　试剂

1A.2.1　TAE电泳缓冲液（50 ×；pH值8.0）

购自生工生物工程上海（股份）有限公司，室温保存。使用时用超纯水稀释呈1 × TAE。

1A.2.2　PCR反应试剂

Taq PCR Master Mix购自生工生物工程上海（股份）有限公司；引物对（10 μmol/L）。

1A.2.3　其他试剂

DNA分子量标准、溴化乙锭（EB）。

附录1B
（规范性附录）
槟榔黄化病背景资料

1B.1 槟榔黄化植原体

学名：Areca yellow leaf phytoplasma，AYLP。

分类地位：属于原核生物域（Prokaryota）、细菌界（Kingdom Bacteria）下真细菌类（Eubacateria）、革兰氏阳性真细菌组（Gram-positive Eubacateria）、植原体暂定属（*Phytoplasma*）、16S rRNA第一组。

印度：16SrXI-B亚组、16SrI-B组和16SrXIV组。

中国：16SrI-G亚组和16SrI-B亚组。

1B.2 寄主范围

槟榔。潜在中间寄主：辣椒、苦楝、长春花、臭矢菜、假臭草等。

1B.3 为害症状

发病初期，植株下部倒数第2片至第4片羽状复叶叶尖首先变黄，抽生的花穗较正常植株短小，无法正常展开，结果量大大减少，常常提前脱落。染病植株叶片黄化症状逐渐年加重，干旱季节黄化症状加重。发病后期病株根茎部坏死附录，感病植株常在顶部叶片变黄1年后枯死，大部分干冰植株开始表现黄化症状后5～7年顶枯死亡。

1B.4 地理分布

国外：印度卡拉拉邦及卡纳塔克邦等、斯里兰卡。

中国：海南省（三亚、陵水、万宁、琼海、文昌、海口、定安、屯昌、琼中、五指山、乐东、东方、白沙、澄迈等14个市县）。

1B.5 传播途径

带菌种苗是该病远距离传播的主要途径。通过媒介昆虫传播。

印度槟榔黄化病媒介昆虫：甘蔗斑袖蜡蝉*Proutista moesta*（Westwood）。

中国槟榔黄化病疑似媒介昆虫：椰子尖蚜、黑刺粉虱、蓟马、长尾粉蚧、小长蝽、盾蚧。

1B.6 槟榔黄化植原体16S rDNA序列

中国槟榔黄化植原体16S rDNA序列

槟榔黄化植原体16S rDNA序列（FJ694685，16SrI-G亚组）

1 acgactgcta agactggata ggagacaaga aggcatcttc ttgtttttaa aagacctagc
61 aataggtatg cttagggagg agcttgcgtc acattagtta gttggtgggg taaaggccta
121 ccaagactat gatgtgtagc cgggctggga ggttgaacgg ccacattggg actgagacac
181 ggcccaaact cctacgggag gcagcagtag ggaattttcg gcaatggagg aaactctgac
241 cgagcaacgc cgcgtgaacg atgaagtatt tcggtacgta aagttctttt attagggaag
301 aataaatgat ggaaaaatca ttctgacggt acctaatgaa taagccccgg ctaactatgt
361 gccagcagcc gcggtaatac ataggggca agcgttatcc ggaattattg ggcgtaaagg
421 gtgcgtaggc ggttaaataa gtttatggtc taagtgcaat gctcaacatt gtgatgctat
481 aaaaactgtt tagctagagt aagatagagg caagtggaat tccatgtgta gtggtaaaat
541 gcgtaaatat atggaggaac accagtagcg aaggcggctt gctgggtctt tactgacgct
601 gaggcacgaa agcgtgggga gcaaacagga ttagataccc tggtagtcca cgccgtaaac
661 gatgagtact aaacgttggg taaaaccagt gttgaagtta acacattaag tactccgcct
721 gagtagtacg tacgcaagta tgaaacttaa aggaattgac gggactccgc acaagcggtg
781 gatcatgttg tttaattcga aggtacccga aaaacctcac caggtcttga catgcttctg
841 caaagctgta gaaacacagt ggaggttatc agttgcacag gtggtgcatg gttgtcgtca
901 gctcgtgtcg tgagatgttg ggttaagtcc cgcaacgagc gcaaccctta ttgttagtta
961 ccagcacgta atggtgggga ctttagcaag actgccagtg ataaattgga ggaaggtggg
1021 gacgacgtca aatcatcatg ccccttatga cctgggctac aaacgtgata caatggctgt
1081 tacaaagggt agctgaagcg caagtttttg gcaaatctca aaaaaacagt ctcagttcgg
1141 attgaagtct gcaactcgac ttcatgaagt tggaatcgct agtaatcgcg aatcagcatg
1201 tcgcggtgaa tacgttcgcg ggtttgtac acaccgc

槟榔黄化植原体16S rDNA序列（万宁菌株FJ998269，16SrI-B亚组）

1 acgactgcta agactggata ggagacaaga aggcatcttc ttgtttttaa aagacctagc
61 aataggtatg cttaggtagg agcttgcgtc acattagtta gttggtgggg taaaggccta
121 ccaagactat gatgtgtagc cgggctgaga ggttgaacgg ccacattggg actgagacac
181 ggcccaaact cctacgggag gcagcagtag ggaattttcg gcaatggagg aaactctgac
241 cgagcaacgc cgcgtgaacg atgaagtatt tcggtacgta aagttctttt attagggaag
301 aataaatgat ggaaaaatca ttctgacggt acctaatgaa taagccccgg ctaactatgt

361 gccagcagcc gcggtaatac ataggggca agcgttatcc ggaattattg ggcgtaaagg
421 gtgcgtaggc ggttaaataa gtttgtggtc taagtgcaat gctcaacatt gtgatgctat
481 aaaaactgtt tagctagagt aagatagagg caagtggaat tccatgtgta gtggtaaaat
541 gcgtaaatat atggaggaac accagtagcg aaggcggctt gctgggtctt tactgacgct
601 gaggcacgaa agcgtgggga gcaaacagga ttagataccc tggtagtcca cgccgtaaac
661 gatgagtact aaacgttggg taaaaccagt gttgaagtta acacattaag tactccgcct
721 gagtagtacg tacgcaagta tgaaacttaa aggaattgac gggactccgc acaagcggtg
781 gatcatgttg tttaattcga aggtacccga aaaacctcac caggtcttga catgcttctg
841 caaagctgta gaaacacagt ggaggttatc agttgcacag gtggtgcatg gttgtcgtca
901 gctcgtgtcg tgagatgttg ggttaagtcc cgcaacgagc gcaaccctta ttgttagtta
961 ccagcacgta atggtgggga ctttagcaag actgccagtg ataaattgga ggaaggtggg
1021 gacgacgtca aatcatcatg ccccttatga cctgggctac aaacgtgata caatggctgt
1081 tacaaagggt agctgaagcg caagtttttg gcgaatctca aaaaaacagt ctcagttcgg
1141 attgaagtct gcaactcgac ttcatgaagt tggaatcgct agtaatcgcg aatcagcatg
1201 tcgcggtgaa tacgttctcg ggtttgtac acaccgcccg tcaaatcac

印度槟榔黄化植原体16S rDNA序列

印度槟榔黄化病植原体16S rDNA序列（Sullia菌株，KF728948，16SrI-B亚组）

1 gaaacgactg ctaagactgg ataggagaca agaaggcatc ttcttgtttt taaaagacct
61 agcaataggt atgcttaggg aggagcttgc gtcacattag ttagttggtg gggtaaaggc
121 ctaccaagac tatgatgtgt agccgggctg agaggttgaa cggccacatt gggactgaga
181 cacggcccaa actcctacgg gaggcagcag tagggaattt tcggcaatgg aggaaactct
241 gaccgagcaa cgccgcgtga acgatgaagt atttcggtac gtaaagttct tttattaggg
301 aagaataaat gatggaaaaa tcattctgac ggtacctaat gaataagccc cggctaacta
361 tgtgccagca gccgcggtaa tacatagggg gcaagcgtta tccggaatta ttgggcgtaa
421 agggtgcgta ggcggttaaa taaagtttat ggtctaagtg caatgctcaa cattgtgatg
481 ctataaaaac tgtttagcta gagtaagata gaggcaagtg gaattccatg tgtagtggta
541 aaatgcgtaa atatatggag gaacaccagt agcgaaggcg gcttgctggg tctttactga
601 cgctgaggca cgaaagcgtg gggagcaaac aggattagat accctggtag tccacgccgt
661 aaacgatgag tactaaacgt tgggtaaaac cagtgttgaa gttaacacat taagtactcc
721 gcctgagtag tacgtacgca agtatgaaac ttaaaggaat tgacgggact ccgcacaagc
781 ggtggatcat gttgtttaat tcgaaggtac ccgaaaaacc tcaccaggtc ttgacatgct

841 tttgcaaagc tgtagaaaca cagtggaggt tatcagttgc acaggtggtg catggttgtc
901 gtcagctcgt gtcgtgagat gttgggttaa gtcccgcaac gagcgcaacc cttattgtta
961 gttaccagca cgtaatggtg gggactttag caagactgcc agtgataaat tggaggaagg
1021 tggggacgac gtcaaatcat catgcccctt atgacctggg ctacaaacgt gatacaatgg
1081 ctgttacaaa gggtagctga agcgcaagtt tttggcgaat ctcaaaaaaa cagtctcagt
1141 tcggattgaa gtctgcaact cgacttcatg aagttggaat cgctagtaat cgcgaatcag
1201 catgtcgcgg tgaatacgtt ctcggggttt gtacacaccg cccgtca

印度槟榔黄化病植原体16S rDNA序列（JN967909，16SrXI-B亚组）

1 aacgactgct aagactggat aggaaataaa aaggcatctt cttattttta aaagaccttt
61 ttcggaaggt atgcttaaag aggggcttgc gtcacattag ttagttggca gggtaaaggc
121 ctaccaagac tatgatgtgt agctggactg agaggttgaa cagccacatt gggactgaga
181 cacggcccaa actcctacgg gaggcagcag tagggaattt tcggcaatgg aggaaactct
241 gaccgagcaa cgccgcgtga acgatgaagt atttcggtat gtaaagttct tttattgaag
301 aagaaaaaat agtggaaaaa ctatcttgac gatattcaat gaataagccc cggcaaacta
361 tgtgccagca gccgcggtaa tacatagggg gcgagcgtta tccggaatta ttgggtgtaa
421 agggtgcgta ggcggtttaa taagtctata gtttaatttc agtgcttaac actgtcctgc
481 tatagaaact attagactag agtgagatag aggcaagtgg aattccatgt gtagcggtaa
541 aatgcgtaaa tatatggagg aacaccagag gcgtaggcgg cttgctgggt ctttactgac
601 gctgaggcac gaaagcgtgg ggagcaaaca ggattagata ccctggtagt ccacgccgta
661 aacgatgagt actaagtgtc gggattactc ggtactgaag ttaacacatt aagtactccg
721 cctgagtagt acgtacgcaa gtatgaaact taaaggaatt gacgggactc cgcacaagcg
781 gtggatcatg ttgtttaatt cgaagataca cgaaaaacct taccaggtct tgacatactc
841 tgcaaagcta tagcaatata gtggaggtta tcagggatac aggtggtgca tggttgtcgt
901 cagctcgtgt cgtgagatgt taggttaagt tctaaaacga gcgcaaccct tgtcattagt
961 tgccagcatg tcatgatggg cactttaatg agactgccaa tgaaaaattg gaggaaggtg
1021 aggatcacgt caaatcatca tgccccttat gatctgggct acaaacgtga gacaatggct
1081 gttacaaagg gtagctgaaa cgcaagttta tagccaatct cataaaagca gtctcagttc
1141 ggattgaagt ctgcaactcg acttcatgaa gttggaatcg ctagtaatcg cgaatcagca
1201 tgtcgcggtg aatacgttca cggggtttgt acacaccgcc cgtca

印度槟榔黄化病植原体16S rDNA序列（Ay-Sullia菌株，KM593240，16SrXIV组）

1 agggaaagct tgcctaagac tggataggaa attagaaggc atcttttaat ttttaaaaga

61 cctttttcga aaggtatact taaagagggg cttgcggcac attagttagt tggtagggta

121 aaagcctacc aagaccatga tgtgtagctg gactgagagg ttgaacagcc acattgggac

181 tgagacacgg cccaaactcc tacgggaggc agcagtaggg aattttcggc aatggaggaa

241 actctgaccg agcaacgccg cgtgaacgat gaagtatttc ggtatgtaaa gttcttttat

301 tgaagaagaa aaaatagtgg aaaaactatc ttgacgatat tcaatgaata agccccggca

361 aactatgtgc cagcagccgc ggtaatacat agggggcgag cgttatccgg aattattggg

421 cgtaaagggt gcgtaggcgg tttggtaagt ctatagttta atttcagtgc ttaacactgt

481 tctgctatag aaactatcag actagagtga gatagaggca agtggaattc catgtgtagc

541 ggtaaaatgc gtaaatatat ggaggaacac cagaggcgta ggcggcttgc tgggtcttta

601 ctgacgctga ggcacgaaag cgtggggagc aaacaggatt agataccctg ttagtccacg

661 ccgtaaacga tgagtactaa gtgtcgggga aactcggtac tgaagttaac acattaagta

721 ctccgcctga gtagtacgta cgcaagtatg aaacttaaag gaattgacgg gactccgcac

781 aagcggtgga tcatgttgtt taatttgaag atacacgaaa aaccttacca ggtcttgaca

841 tactctgcaa agctatagca atatagtgga ggttatcagg gatacaggtg gtgcatggtt

901 gtcgtcagct cgtgtcgtga gatgttaggt taagtcctaa aacgagcgca acccttgtca

961 ctagttgcca gcatgttatg atgggcactt tagtgagact gccaatgaaa aattggagga

1021 aggtgaggat cacgtcaaat catcatgccc cttatgatct gggctacaaa cgtgatacaa

1081 tggctgttac aaagagtagc taaaacgcga gtttatagcc aatctcataa aagcagtctc

1141 agttcggatt gaagtctgca actcgacttc atgaagttgg aatcgctagt aatcgcgaat

1201 cagcatgtgc g

附录1C

（规范性附录）

槟榔黄化病原检测报告

附表2　植原体检测报告

<table>
<tr><td>样品种类</td><td colspan="3"></td><td>取样时间</td><td></td></tr>
<tr><td>取样地点</td><td></td><td>样品数量</td><td></td><td>取样部位</td><td></td></tr>
<tr><td>送检日期</td><td></td><td>送检人</td><td></td><td>联系电话</td><td></td></tr>
<tr><td>送检单位</td><td colspan="5"></td></tr>
<tr><td>检测鉴定方法</td><td colspan="5"></td></tr>
<tr><td>检测鉴定结果</td><td colspan="5"></td></tr>
<tr><td>备注</td><td colspan="5"></td></tr>
<tr><td colspan="6">检测人（签名）：

审核人（签名）：

检测单位盖章：
年　月　日</td></tr>
<tr><td colspan="6">注：本单一式两联，第一联送检测单位存档，第二联送检测单位存档。</td></tr>
</table>

（孟秀利、唐庆华、林兆威）

附录2　槟榔黄化病监测技术规范

1　范围

本标准规定了槟榔黄化病的监测方法。

2　规范性引用文件

下列文件对于本文件的应用是必不可少的。凡是注日期的引用文件，仅所注日期的版本适用于本文件。凡是不注日期的引用文件，其最新版本（包括所有的修改单）适用于本文件。

NY/T 2252《槟榔黄化病病原物分子检测技术规范》。

DB46/T 220《槟榔黄化植原体检测技术规范》。

NY/T 3815—2020《槟榔黄化病检测技术规程》。

3　监测依据

3.1　槟榔黄化病的典型症状

发病初期，植株下部倒数第2片至第4片羽状复叶叶尖首先变黄，抽生的花穗较正常植株短小，无法正常展开，结果量大大减少，常常提前脱落。染病植株叶片黄化症状逐渐年加重，干旱季节黄化症状加重。发病后期病株根茎部坏死附录，感病植株常在顶部叶片变黄1年后枯死，大部分干冰植株开始表现黄化症状后5～7年顶枯死亡。

3.2　植原体检测

采用本项目组研发的具有简单、灵敏、快速、高效、可视化优点的环介导等温扩增试剂盒（LAMP®槟榔黄化植原体检测试剂盒）进行检测。同时，可采用附录1方法扩增后测序，然后比对从而进一步确定黄化槟榔园的病原、比例以及检测结果准确性。黄化槟榔叶片总基因组DNA提取方法参考附录1，植原体LAMP检测方法见附录2B。

4　监测方法

4.1　时间

固定监测点全年监测12次，每次间隔期1个月。随机监测点每年9—11月监测1次。

4.2 地点

在槟榔主产区，根据踏查情况及种植单位槟榔园的环境条件、气候特征、槟榔黄化病的发生史和种植规模等，选择代表性种植单位的10个槟榔园作为固定监测点。固定监测点以外的不小于2 000株的槟榔园为随机监测点，随机监测点分布覆盖槟榔主产区。

4.3 方法

采取访问和踏查相结合的方法，调查发生区范围，将调查结果填入附表5和附表6。

4.3.1 固定监测点监测

每个监测点采取五点调查法，每样点选择20株挂牌进行监测，每次统计发病植株数及发病级数，计算病株率及病情指数。同时，对监测点挂点植株进行拍照以利于进行症状对比，从而明确症状扩展及病害发生规律。

$$病株率（\%）=\frac{发病株数}{调查总株数}\times 100$$

$$病情指数=\frac{\sum[各级病株数\times 各级代表值]}{调查总株数\times 最高一级代表值}\times 100$$

附表3 槟榔黄化病为害程度分级

为害程度分级	描述
轻病园	全园发病率（病株数占总数比例）20%以下
中病园	全园发病率20%～50%
重病园	全园发病率50%～70%
特重病园	全园发病率70%以上

附表4 槟榔黄化病病情分级

病情分级	描述
1级	黄化的叶片面积占整个树冠面积的20%以下
2级	黄化的叶片面积占整个树冠面积的20%～50%
3级	黄化的叶片面积占整个树冠面积的50%～80%，部分树冠明显缩小，呈轻度束顶状，结果能力下降
4级	黄化的叶片面积占整个树冠面积的80%以上，部分槟榔树冠缩小至一半以上呈重度束顶状，植株丧失结果能力，最后束顶死亡

4.3.2 随机监测点监测

每年9—11月全园调查1次，将调查结果填入附表6。

5 DNA和RNA保存

将样品DNA保存在-80 ℃冰箱。

6 档案保存

将监测相关信息数据建档保存。

附录2A
（规范性附录）
槟榔黄化病病情调查记录表

2A.1　访问调查记录表

访问调查记录附表5。

附表5　访问调查记录表

调查人：　　　　　　调查机构：　　　　　　调查时间：　　年　月　日

调查地点/槟榔园名称			
被调查人姓名		联系方式	
地理位置（经纬度）		海拔高度	
种植面积（亩）		总株树	
种植年限		种苗来源	
品种或果型		林下作物	
周边作物			
土壤类型	a. 砖红土　b. 燥红土　c. 水稻土　d. 菜园土　e. 火山灰土　f. 其他		
有无灌溉	a. 有　b. 无		
施肥种类	a. 有机肥　b. 化肥　c. 有机肥与化肥结合　d. 不施肥		
施肥方法	a. 开沟　b. 撒施　c. 管道输送　d. 其他		
施药种类	a. 杀虫剂　b. 杀菌剂　c. 除草剂　d. 不施药		
立地环境	a. 平地　b. 坡地　c. 水田　d. 低洼地		
栽培管理	a. 粗放型　b. 精细型		
除草方式	a. 人工除草　b. 除草剂除草　c. 未除草		
病虫害发生情况		有无槟榔黄化病	
备注			

2A.2 槟榔黄化病调查记录表

槟榔黄化病调查记录见附表6。

附表6 槟榔黄化病调查记录表

调查机构：

调查时间	调查地点	品种或果型	调查面积（hm^2）	病株调查				调查人	备注
				调查株数	黄化株数	病株率（%）	病情指数		

2A.3 槟榔黄化病田间定点调查记录表

槟榔黄化病田间定点调查记录见附表7。

附表7 槟榔黄化病田间定点调查记录表

监测点名称：

调查时间	定点编号	调查面积（hm^2）	调查株数	病株调查			新发株数	处理株数	病株率（%）	病情指数	调查人	备注
				黄化型	束顶型	总株数						

附录2B
（规范性附录）
槟榔黄化植原体LAMP检测方法

2B.1 反应体系

LAMP反应体系见附表8。所用LAMP试剂购自荣研生物科技（中国）有限公司（上海）。

附表8 反应体系

组分	加入量或终浓度
2 × Reaction Buffer	12.5 μL
16S rDNA-F3-2	1 μL 5 pM/μL
16S rDNA-B3-2	1 μL 5 pM/μL
16S rDNA-FIP-2	1 μL 40 pM/μL
16S rDNA-BIP-2	1 μL 40 μM/μL
16S rDNA-LF-2	1 μL 40 pM/μL
16S rDNA-LB-2	1 μL 40 pM/μL
Bst DNA聚合酶	1.0 μL
模板DNA	20 ng
荧光染料	2 μL
最终反应体系	25 μL

2B.2 引物序列

以槟榔黄化植原体16S rDNA序列设计的LAMP引物序列见附表9。

附表9 槟榔黄化植原体LAMP检测的引物序列

引物名称	长度/nt	引物序列5′→3′
16S rDNA-F3-2	18	GCATGGTTGTCGTCAGCT
16S rDNA-B3-2	19	GCCAAAAACTTGCGCTTCA
16S rDNA-FIP-2	43	GGCAGTCTTGCTAAAGTCCCCACGATGTTGGGTTAAGTCCCGC
16S rDNA-BIP-2	44	ACGACGTCAAATCATCATGCCCCGCTACCCTTTGTAACAGCCAT
16S rDNA-LF-2	19	AATAAGGGTTGCGCTCGTT
16S rDNA-LB-2	20	ATGACCTGGGCTACAAACGT

2B.3 LAMP反应

64 ℃恒温反应70 min；检测反应均需同时巢式PCR检测植原体呈阳性的样品为阳性对照，以无植原体染槟榔样品作为阴性对照，无菌双蒸水作为空白对照。

2B.4 产物检测

所得反应产物经肉眼观察：无菌双蒸水作为空白对照，反应液颜色为棕色，表示结果为阴性，样品中不含槟榔黄化植原体；反应液颜色为绿色，表示结果为阳性，样品中含有槟榔黄化植原体。

2B.5 结果判定

应用本标准的检测方法对待检样品进行检测，结果判定见附表10。

附表10 槟榔黄化植原体LAMP检测结果判定简表

<table>
<tr><th colspan="4">判定条件</th><th>结果判定</th></tr>
<tr><th>空白对照</th><th>阴性对照</th><th>阳性对照</th><th>检测样品</th><th>颜色反应</th></tr>
<tr><td>否</td><td>否</td><td>是</td><td>是</td><td>检测样品反应液颜色为绿色，表示结果为阳性</td></tr>
<tr><td>否</td><td>否</td><td>是</td><td>否</td><td>检测样品反应液颜色为棕色，表示结果为阴性</td></tr>
<tr><td>否</td><td>否</td><td>否</td><td>—</td><td rowspan="3">在检测时出现此类结果，则判定检测结果无效，重新进行LAMP检测</td></tr>
<tr><td>否</td><td>是</td><td>—</td><td>—</td></tr>
<tr><td>是</td><td>—</td><td>—</td><td>—</td></tr>
</table>

（于少帅、宋薇薇、余凤玉）

附录3 槟榔黄化病媒介昆虫检测技术规程

1 范围

本标准规定了槟榔黄化病媒介昆虫中病毒病的检测技术规范。

本标准适用于槟榔黄化病媒介昆虫中槟榔黄化植原体（arecanut yellow leaf phytoplasam，AYLP）的检测。

2 规范性引用文件

下列文件对于本文件的应用是必不可少的。凡是注日期的引用文件，仅所注日期的版本适用于本文件。凡是不注日期的引用文件，其最新版本（包括所有的修改单）适用于本文件。

NY/T 2252《槟榔黄化病病原物分子检测技术规范》。

DB46/T 220《槟榔黄化植原体检测技术规范》。

NY/T 3815—2020《槟榔黄化病检测技术规程》。

3 术语和定义

下列术语和定义适用于本标准。

3.1 检测样品

槟榔黄化病媒介昆虫。

4 检测对象

4.1 黑刺粉虱

4.2 椰子尖蚜

4.3 蓟马

4.4 柑橘棘粉蚧

4.5 棉红蝽

4.6 其他潜在携带槟榔黄化植原体的取食槟榔叶部汁液的刺吸式口器昆虫

5 田间抽样

采取随机取样法在发生槟榔黄化病的槟榔园进行取样，取样率为0.1%。

6 巢式聚合酶链式反应（Nested PCR）检测法

6.1 媒介昆虫总DNA提取

采用德国QIAGEN公司的DNeasy Blood and Tissue Kit提取总DNA。

①将田间采集的媒介昆虫1～5头（根据虫体大小确定，体型较大的蝽、粉蚧1头，体型较小的黑刺粉虱、蓟马等昆虫3～5头）装入1.5 mL离心管中。用研磨杵磨碎，加入180 μL Buffer ATL。加入20 μL蛋白酶K，振荡混匀，56 ℃孵育至组织完全裂解，孵育过程中间断振荡。进入步骤②前振荡15 s；②加入200 μL Buffer AL，振荡混匀；③加入200 μL无水乙醇，振荡混匀；④将上述混合物用移液枪移至2 mL离心管中的DNeasy Mini滤柱中，8 000 r/min（离心1 min，弃去滤出液及离心管；⑤将滤柱放入新的2 mL收集管中，加入500 μL Buffer AW1（使用前先检查是否已加入无水乙醇），≥8 000 r/min（离心1 min，弃去滤出液及收集管；⑥将滤柱放入新的2 mL收集管中，加入500 μL Buffer AW2（使用前先检查是否已加入无水乙醇），14 000 r/min（离心3 min，弃去滤出液及收集管；⑦将滤柱移至新的1.5 mL或2 mL离心管；⑧将200 μL Buffer AE加至滤柱膜中央以洗提DNA，室温（15～25 ℃）下孵育1 min。≥8 000 r/min（离心1 min；⑨优化：重复步骤⑧以增加DNA产量。

6.2 巢式PCR反应

试剂采用BBI公司的*Taq* PCR Master Mix，反应体系见附表11。

附表11 巢式PCR反应体系及反应程序

<table>
<tr><td colspan="3">第一轮PCR</td><td colspan="3">第二轮PCR</td></tr>
<tr><td colspan="2">组分</td><td>反应体系</td><td colspan="2">组分</td><td>反应体系</td></tr>
<tr><td colspan="2">10 × Taq PCR Master Mix</td><td>12.5 μL</td><td colspan="2">10 × Taq PCR Master Mix</td><td>12.5 μL</td></tr>
<tr><td colspan="2">F4（10 nm/mL）</td><td>1 μL</td><td colspan="2">F2（10 nm/mL）</td><td>1 μL</td></tr>
<tr><td colspan="2">R1（10 nm/mL）</td><td>1 μL</td><td colspan="2">R2（10 nm/mL）</td><td>1 μL</td></tr>
<tr><td colspan="2">模板DNA</td><td>2 μL</td><td colspan="2">模板DNA</td><td>2.5 μL</td></tr>
<tr><td colspan="2">ddH_2O</td><td>8.5 μL</td><td colspan="2">ddH_2O</td><td>8 μL</td></tr>
<tr><td colspan="2">最终反应体系</td><td>25 μL</td><td colspan="2">最终反应体系</td><td>25 μL</td></tr>
<tr><td colspan="3">PCR反应条件</td><td colspan="3">PCR反应条件</td></tr>
<tr><td>预变性</td><td colspan="2">94 ℃ 4 min</td><td>预变性</td><td colspan="2">94 ℃ 4 min</td></tr>
<tr><td>变性</td><td>94 ℃ 30 s</td><td rowspan="3">35个循环</td><td>变性</td><td>94 ℃ 30 s</td><td rowspan="3">35个循环</td></tr>
<tr><td>退火</td><td>50 ℃ 45 s</td><td>退火</td><td>45 ℃ 30 s</td></tr>
<tr><td>延伸</td><td>72 ℃ 60 s</td><td>延伸</td><td>72 ℃ 45 s</td></tr>
<tr><td>最后延伸</td><td>10 min</td><td></td><td>最后延伸</td><td colspan="2">72 ℃ 10 min</td></tr>
</table>

6.3 引物序列

以槟榔黄化植原体16S rDNA序列设计的巢式PCR引物序列见附表12。

附表12 槟榔黄化病媒介昆虫检测的引物序列

引物名称	长度（/nt）	引物序列5′→3′	扩增目标序列大小（/bp）
F4	20	GCGGTTAAATAAGTTTATGG	781
R1	17	CACCGGGACATGCTGAT	
F2	21	GCAAACAGGATTAGATACCCT	525
R2	19	CAATCCGAACTGAGACTGT	

7 琼脂糖凝胶电泳

将10 μL PCR产物用重量浓度为1%的琼脂糖电泳分离（电压设置为120 V，时间为25 min），经溴化乙锭染色后于紫外灯下根据产物的大小判定结果。

8 结果判定

当阳性对照出现525 bp特异性条带、而阴性对照未出现条带时，所测样品出现525 bp条带，判定所测样品检测出槟榔黄化植原体，即所测昆虫体内携带槟榔黄化植原体。

附录3A
（资料性附录）
槟榔黄化病媒介昆虫检测报告

附表13　槟榔黄化病媒介昆虫检测报告

<table>
<tr><td>昆虫种类</td><td colspan="3"></td><td>取样时间</td><td></td></tr>
<tr><td>取样地点</td><td></td><td>样品数量</td><td></td><td>取样部位</td><td></td></tr>
<tr><td></td><td></td><td>送检日期</td><td></td><td>送检人</td><td></td></tr>
<tr><td>送检单位</td><td colspan="5">联系电话</td></tr>
<tr><td>检测鉴定方法</td><td colspan="5"></td></tr>
<tr><td>检测鉴定结果</td><td colspan="5"></td></tr>
<tr><td>备注</td><td colspan="5"></td></tr>
<tr><td colspan="6">检测人（签名）：

审核人（签名）：

检测单位盖章：
年　月　日</td></tr>
<tr><td colspan="6">注：本单一式两联，第一联送检测单位存档，第二联送检测单位存档。</td></tr>
</table>

附录3B
（规范性附录）
检测试剂和缓冲液配制

除非另有说明，在分析中仅使用分析纯试剂。实验室用水均为去离子水，按GB/T 6682—2008的有关规定。

（唐庆华、宋薇薇、孟秀利）

附录4　槟榔黄化病防控明白纸

槟榔黄化病是由槟榔黄化植原体侵染引起的一种毁灭性病害，该病发生面积大、传播蔓延快、为害损失重。为提高广大农技人员对槟榔黄化病的正确认识和防控技术水平，特制定海南省槟榔黄化病防控明白纸。

一、症状识别

槟榔园发病初期有明显的发病中心，中心点只有相邻的少部分槟榔黄化，后期逐渐扩散蔓延至槟榔园大面积黄化（附图2～附图5）。

附图2　严重发病槟榔园-1
（唐庆华　拍摄）

附图3　严重发病槟榔园-2
（唐庆华　拍摄）

附图4　严重发病槟榔园，部分植株遭砍伐

附图5　严重发病槟榔园-3

1. 叶片黄化

发病初期从树冠中下部叶片的叶尖开始黄化（附图6），发病树叶片呈黄绿相间的不均匀黄化，黄化与绿色组织分界明显（附图7），随后黄化症状逐步扩展到上层叶片（附图8），到最后整个树冠叶片黄化甚至枯死（附图9），丧失结果能力。槟榔黄化病与槟榔隐症病毒病引起叶片黄化的区别在于前者随着病情的发展小叶片的叶脉会变为黄色，而后者保持绿色。

附图6　发病初期黄化症状

附图7　黄绿组织分界明显

附图8　黄化由下部向上层叶片扩展

附图9　整个树冠叶片出现黄化

2. 植株束顶

槟榔树发病严重时，新叶发育不良，部分叶片皱缩畸形，无法正常展开，冠幅明显减小，萎缩成束顶状（附图10），逐渐丧失结果能力，最后枯顶死亡。

附图10　束顶症状

3. 花苞水渍状坏死

发病树叶鞘基部的花苞出现水渍状坏死，呈暗褐色（图1.6）。

二、为害程度分级

1. 槟榔园为害程度

轻病园：全园发病率（病株树占总株数比例）20%以下。

中病园：全园发病率20%～50%。

重病园：全园发病率50%～70%。

特重病园：全园发病率70%以上。

2. 槟榔植株病情分级

1级：黄化的叶片面积占整个树冠叶面积的20%以下（附图11）。

2级：黄化的叶片面积占整个树冠叶面积的20%～50%（附图12）。

3级：黄化的叶片面积占整个树冠叶面积的50%～80%（附图13），部分槟榔树冠明显缩小，呈轻度束顶状（附图15），结果能力下降。

4级：黄化的叶片面积占整个树冠叶面积的80%以上（附图14），部分槟榔树冠缩小一半以上呈重度束顶状（附图16），植株丧失结果能力，最后枯顶死亡。

附图11　1级为害植株

附图12　2级为害植株

附图13　3级为害植株

附图14　4级为害植株

附图15 轻度束顶症状

附图16 重度束顶症状

三、传播途径

1. 媒介昆虫传播

槟榔黄化病田间近距离传播主要通过媒介昆虫。印度学者报道该国槟榔黄化病由甘蔗斑袖蜡蝉传播。在国内，本项目团队经检测发现黑刺粉虱、椰子尖蚜、柑橘棘粉蚧等6种常见刺吸式口器昆虫携带植原体，具体哪一种昆虫可用传播槟榔黄化病尚待进一步确定。

2. 人为传播

采果工具传播：采摘病株果实后再采摘健康槟榔树上的果实，可能人为地把病原传播给健康植株。

种果种苗传播：带病的种果种苗，通过人为调运远距离传播到健康槟榔园。

四、综合防控措施

1. 选用无病苗木

严禁从疫区引进种果和种苗；严禁采用感病槟榔园的种果进行育苗；严禁在感病槟榔园及周边育苗。

2. 合理种植槟榔

隔离种植，新建槟榔园应远离感病槟榔园，建议间隔至少1 km以上，避免连片种植；不在病园内新种健康槟榔。

3. 禁用除草剂

槟榔园严禁使用草甘膦除草剂。

4. 防控方法

槟榔黄化病目前尚无有效的防治药剂，但措施得当可实现可防可控的目的。通过以下措施进行综合防控，可以在一定程度上控制病害的传播蔓延，延长槟榔的经济寿命，提高产量。

（1）针对健康园，以预防为主。加强肥水管理；每年3—4月和11—12月，全面除杀刺吸式口器害虫各1次，预防病害被传播入园，防治药剂参见附表14，轮换使用；一旦园内有槟榔树确诊为病树，做到发现一株清除一株。

（2）针对轻、中和重病槟榔园，控治并举，采用以下“五板斧”措施。

“一养”：即养根养树，提高槟榔树体营养，增强树势。加强肥水管理，每年6—7月、11—12月各施用1次有机肥和微生物菌剂，每株槟榔每次施有机肥2.5 ~ 5.0 kg，离树干50 ~ 100 cm，挖长50 cm、宽30 cm、深20 cm的沟穴施用。其余月份适当增施水溶肥，有水肥一体化设施的槟榔园，每个月施水溶肥1次，旱季每1 ~ 3 d浇水1次；无水肥一体化设施的槟榔园，每1 ~ 2个月施水溶肥1次（建议使用施肥枪），旱季每7 ~ 10 d浇水1次。

“二诱”：即诱抗，通过施用诱抗剂，诱发槟榔产生并提高免疫力。结合除杀刺吸式口器害虫，叶面喷施免疫诱抗剂、叶面肥（参见附表14，附表15），诱导槟榔产生抗性和提高免疫力。于每年3—4月和11—12月各施2 ~ 3次，每次间隔7 ~ 10 d。

“三调”：即生态调控，通过丰富林间生物多样性，改善林下微生态环境。槟榔园禁用草甘膦除草剂，建议采用人工或机械除草，控制杂草高度在20 cm以下，保持园内生态环境。有条件的园区可间套种平托花生、硬皮豆等，达到涵养水源、以草（或作物）控草的目的。

“四治”：即综合治理，对槟榔黄化病原及传播媒介采用化学、物理等防控技术，降低菌源、阻止传播。结合免疫诱抗处理，每年3—4月和11—12月，统一进行槟榔黄化病原和传播媒介害虫的化学防治，每隔7 ~ 10 d喷药1次，连喷2 ~ 3次，抗病毒剂、杀虫剂参见附表14，轮换使用。针对害虫，还可通过悬挂色板（黄蓝板）、诱控灯等进行诱杀，降低田间虫口密度。

“五除”：即清除病叶和病株，减少传染源。加强田间管理，对槟榔下层的病叶枯叶及时清除；清除4级为害的病株和经治疗后仍无法恢复正常结果的槟榔树。

（3）针对特重病园，全园更新。清除全园后，种植其他短期经济作物，至少2年后再重新种植健康槟榔。

附录4A（资料性附录）
药剂推荐清单

附表14　药剂推荐清单

药名	防治对象/功效	生产厂家
啶虫脒	蚧虫、叶蝉、蚜虫、介壳虫等	江苏常隆化工有限公司；江苏苏化集团有限公司；重庆民丰农化股份有限公司等
噻虫嗪	蚜虫、飞虱、叶蝉等	上海沪联生物药业（夏邑）股份有限公司；东莞市瑞德丰生物科技有限公司等
阿维菌素	飞虱、蚜虫等	河南地卫士生物科技有限公司；河北省沧州市天和农药厂等
螺虫乙酯	红蜘蛛、介壳虫、木虱等刺吸害虫	拜耳股份有限公司；河南勇冠乔迪农业科技有限公司等
高效氯氰菊酯	蚜虫、甲虫、木虱、蓟马类等	山东省济南天邦化工有限公司；天津市施普乐农药技术发展有限公司等
噻虫胺	蚜虫、飞虱等	江苏辉丰农化股份有限公司；南通泰禾化工股份有限公司等
噻虫啉	蚜虫等刺吸害虫	利民化工股份有限公司；江苏辉丰农化股份有限公司等
烯啶虫胺	蚜虫、叶蝉、蓟马等	江苏省南通南沈植保科技开发有限公司；江苏健谷化工有限公司等
呋虫胺	蚜虫、蓟马、红蚧类等刺吸害虫	山东恒利达生物科技有限公司；河北兴柏农业科技有限公司等
氟啶虫胺腈	蚜虫、矢尖蚧、飞虱等刺吸害虫	江苏蓝丰生物化工股份有限公司；美国陶氏益农公司等
金龟子绿僵菌	蚜虫、蛀干害虫等	盐城市神微微生物科技有限公司；重庆聚立信生物工程有限公司
毒氟磷	病毒病	广西田园生化股份有限公司
宁南霉素	真菌、细菌和病毒病	青岛利尔农化（集团）研制开发有限公司
盐酸吗啉胍	病毒病	陕西美邦药业集团股份有限公司
几丁聚糖	病毒、真菌病害	成都特普生物科技股份有限公司
香菇多糖	病毒病	河北绿色农化作物科技有限公司
6%寡糖·链蛋白可湿性粉剂	病毒病，免疫诱抗剂	中国农业科学院廊坊农药中试厂
5%氨基寡糖素水剂	免疫诱抗、促进药效、减轻黄化等	海南正业中农高科股份有限公司

附录4B（资料性附录）
肥料推荐清单

附表15　肥料推荐清单

肥料	主要性能和用途	生产厂家
腐殖酸有机肥	可改善土壤结构，促进团粒形成，提高肥效，既速效又长效	海南省生产资料集团有限公司
有机肥（羊粪）	提高土壤有机质含量，提高土壤保水、透气和保肥性，培肥土壤	海南省生产资料集团有限公司
微生物菌剂（枯草芽孢杆菌）	改善土壤微生物生态环境，利于营养元素的吸收	海南博士威农用化学有限公司
水溶肥	促进叶功能，增强抗逆性，提高座果率，抑制缺素症	成都华宏生物科技有限公司
牛氨酸肌能肥（液体肥）	水溶性肥料，营养全面，改善土壤，利于植物吸收，增强树势	广东超壤科技有限公司
锌硼钾钙镁	叶面肥，调节作物生长，增强光合作用，提高叶绿素含量，降低黄化，保花保果等	山东海岱绿洲生物工程有限公司、山东农夫生物科技股份有限公司等
芸苔素	调节生长，增产，多作叶面肥使用	江苏威敌生物科技有限公司
复合肥	N-P-K（15-15-15，20-5-15，15-5-20）硫酸钾型。改善土壤性质、作物品质，提高作物产量，植物易吸收	中国中化集团有限公司，海南省农业生产资料集团有限公司等
硅力康+年年乐粉剂+天赞好枯草芽孢杆菌	土壤健康调理与根系套装：补充中微量元素，帮助根系建立健康的微生态体系，抵御病菌侵染	海南博士威农用化学有限公司
年年乐+奥明达	保花保果增产套装：两者在花果期使用，能够达到保花保果，增产的效果	海南博士威农用化学有限公司

附录5 槟榔种苗APV1病毒快速检测技术规范

1 范围

本标准规定了槟榔种苗病毒快速检测方法和操作规范。

本标准适用于对槟榔种苗槟榔黄叶病毒1［ALYV1（APV1）］的检测。

2 规范性引用文件

下列文件中的条款通过本标准的引用而成为本标准的条款。凡是注日期的引用文件，其随后所有的修改单（不包括勘误的内容）或修订版均不适用于本标准，然而，鼓励根据本标准达成协议的各方研究是否可使用这些文件的最新版本。凡是不注日期的引用文件，其最新版本适用于本标准。

GB 15569—1995《农业植物调运检疫规程》。

NY/T 401—2000《脱毒马铃薯种薯（苗）病毒检测技术规程》。

3 术语和定义

GB 15569、NY/T 360确立的术语和定义适用于本标准。

4 检测对象

槟榔隐症病毒1［ALYV1（APV1）］。

5 症状

槟榔受APV1侵染后，在田间，在发病初期，只有树冠中部或下部1~2片叶子的边缘和叶尖出现黄化，然后黄化面积逐渐扩大，黄化部位表现不均匀（叶脉绿色，叶片黄色），黄化叶片数逐渐增多。发病中后期，新抽出叶片变短，树冠变短出现束顶。

6 检测

6.1 抽样检查和取样

按GB 15569规定的方法抽样检查和取样。对出现典型症状的植株，取有明显症状的叶片等部位；对无症状植株，采用随机取样方法，取完全展开的淡绿期叶片为样品。样品在进一步处理前在4 ℃条件下最多可存放7 d。

6.2 血清学检测

采用双抗夹心酶联免疫吸附（DAS-ELISA）检测法，按NY/T 401—2000中附录A的方法执行；采用ELISA检测试剂盒的，按试剂盒提供的方法进行。

6.3 分子检测

采用反转录-聚合酶链式反应（RT-PCR）检测法，见附录A、附录B。

7 检测流程

对首次被检测的槟榔种苗，或在调运过程需进行病毒检测的槟榔种苗，检测流程按附图17描述进行。待测样品，均需经DAS-ELISA快速初筛和RT-PCR分子检测，综合以上2种方法的检测结果，方可进行结果判定。

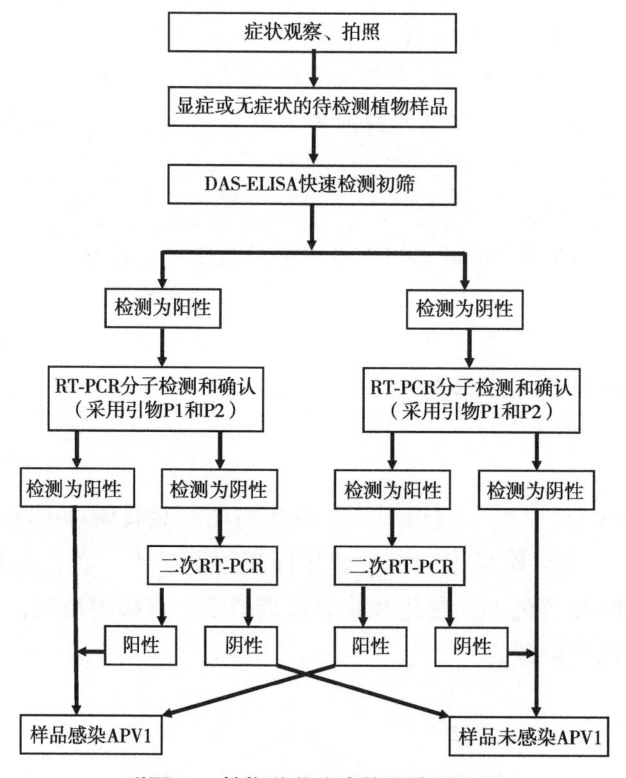

附图17 槟榔种苗病毒快速检测流程

附录5A
（资料性附录）
反转录-聚合酶链反应（RT-PCR）检测法主要试剂或试剂盒

5A.1 RNA抽提缓冲液

RNA抽提缓冲液：20 mmol/L Tris-HCl（pH值8.0），1%十二烷基磺酸钠（SDS），200 mmol/L氯化钠（NaCl），5 mmol/L EDTA，1%亚硫酸钠（Na_2SO_3）。

也可用各种植物RNA提取试剂盒提取RNA。例如，上海生工（Sangon）的经典总RNA抽提试剂盒，产品编号SK1351（http：//www.sangon.com/）等。

5A.2 反转录试剂或试剂盒

RT-PCR试剂、试剂盒或反转录系统，可从Promega公司（http：//www.promega.com.cn/）购得。例如，ImProm-Ⅱ™ Reverse Transcription，产品编号A3800；Access RT-PCR System，产品编号A1260，等等。

5A.3 其他PCR反应相关试剂

TaqDNA聚合酶、核酸分子量标准、dNTP等，均可从Promega、Takara等公司购得。分子检测所需的其他缓冲液，如TAE等缓冲液等均按常规配方，所用化学试剂均为分析纯级规格。

附录5B
（规范性附录）
反转录-聚合酶链反应（RT-PCR）检测法

5B.1 总RNA的提取

取1 g样品加液氮在大小合适的离心管或研钵中研磨成粉末，转至2 mL离心管，加600 μL水饱和酚与600 μL 2×RNA抽提缓冲液，混匀，4 ℃ 12 000 r/min离心20 min，上清液转移至新离心管，加入等体积4 mol/L LiCl，混匀后4 ℃沉淀过夜，4 ℃ 12 000 r/min离心20 min，沉淀用70%乙醇漂洗数次，风干，用30 μL DEPC处理过的水溶解，−70 ℃保存备用。采用RNA提取试剂盒的，操作步骤参照产品说明书。

5B.2 RT-PCR检测

5B.2.1 引物

RT-PCR检测所需引物可向生物技术服务公司订购合成。上游引物P1：5′-AGC GCC GGA TGA ACT ATC AC-3′，下游引物P2：5′-GCC AAT GCG GAA CTT TGT TCT-3′，扩增目的片段483 bp。用DEPC处理过的水将引物配制成浓度为10 μmol/L水溶液。

5B.2.2 反转录和PCR扩增

以提取的样品总RNA，以及阴性、阳性对照RNA为模板，用反转录酶（或反转录试剂盒）和下游起始引物反转录合成第一链cDNA；以此cDNA链为模板，P1和P2为引物，进行PCR扩增。也可采用一步法RT-PCR试剂盒进行反转录和PCR扩增。

以采用M-MLV反转录酶进行RT-PCR为例，操作步骤为：取总RNA 1 μL、反转录起始引物（P2）1 μL、无RNA酶的灭菌重蒸水9 μL，于离心管中混匀，70 ℃水浴5 min，置于冰上2 min。然后依次加入5×第一链合成反应缓冲液4 μL，10 mmol/L dNTP 2 μL，RNA酶抑制剂（40 U/μL）1 μL，无RNA酶的灭菌重蒸水1 μL，混匀后于37 ℃水浴5 min。取出后加入M-MLV反转录酶（200 U/μL）1 μL，混匀后于42 ℃水浴60 min。

PCR扩增反应设阳性对照、阴性对照和空白（水）对照。向0.5 mL PCR管中加入以下试剂：灭菌重蒸水19 μL，10×PCR反应缓冲液3 μL，10 mmol/L dNTP 2.5 μL，引物P1、P2各2 μL，反转录产物或对照模板1 μL，TaqDNA聚合酶（5 U/μL）0.5 μL。用PCR仪进行扩增，反应程序为：94 ℃预变性2 min；94 ℃变性30 s，54 ℃退火30 s，72 ℃延伸1 min，30个循环，最后72 ℃延长10 min。

采用一步法RT-PCR试剂盒的，反应按试剂盒说明书进行。

5B2.3 扩增产物检测

PCR产物经1%琼脂糖凝胶电泳分析，用溴化乙锭（EB，0.5 μg/mL）染色，在凝胶成像系统上观察照像。以DNA分子量标记为参照。如果阳性对照出现目的扩增条带（483 bp），且阴性对照、空白对照均不出现该条带，说明检测结果可靠。此时，与阳性对照相同水平位置有明显目的条带出现的样品，其RT-PCR检测为阳性。

如果空白对照出现目的条带，说明实验被污染，应重新进行RT-PCR检测。

（黄惜、翟金玲、王红星）

附录6　槟榔黄叶病毒病监测分级标准

槟榔黄叶病毒病是2020新报道的一种在海南槟榔主产区发生的病毒病害。该病发病植株外层叶片的叶尖首先出现黄化，黄化沿着叶脉向叶基部蔓延，发展过程中叶脉维持绿色，在黄化扩散至叶基部时，内层的叶片开始出现同样的黄化，同时外层叶片从叶尖开始出现褐色坏死并向叶基部延伸，发病后期病斑蔓延扩展致使叶片坏死、脱落，结果率明显降低。鉴于田间槟榔植株树龄差异及病毒病害系统侵染等特性，结合其他病毒病害分级标准划分依据，初拟以下分级标准进行槟榔隐症病毒病的田间调查与统计。具体操作如下：

采用五点取样法，在调查区域的四角和中心部位共选取5块调查样区（A、B、C、D、E），每个样区随机调查20株槟榔树（以100亩、10龄树调查区域为例），每株样树作标记（附图18）。

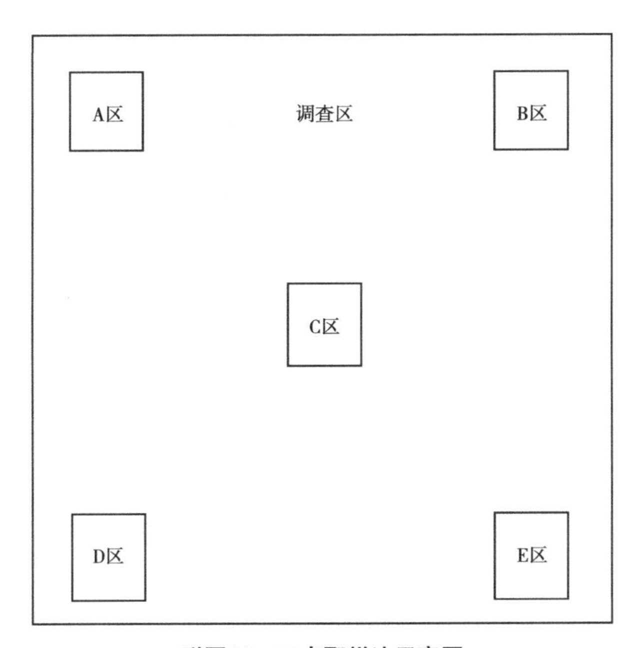

附图18　五点取样法示意图

每株槟榔调查全部叶片，以每株健康叶片数分级，记录每株健康叶片数，在调查过程中，参照植物病害调查的分级标准进行统计（附表16）。

附表16 槟榔黄叶病毒病分级标准

严重度	病症	代表值
0级（健康）	健康叶片数大于或等于5片，只有最下面1片老叶黄化或有病斑	0
1级	绿色叶片数大于或等于5片，除最下面1片老叶外，其他叶片有黄化或有病斑	1
2级	绿色叶片数有4片	3
3级	叶片数有3片	5
4级	绿色叶片数有2片	7
5级	绿色叶片数少于或等于1片	9

注：严重度用分级代表值表示，数值越大，代表为害越严重。

按照附表16标准进行分级，计算病情指数。

$$病情指数=\frac{\sum(各级病株数\times各级严重度代表值)}{调查总株数\times最高级代表值}\times 100$$

$$发病率（\%）=\frac{调查总株数-健康株数}{调查总株数}\times 100$$

根据槟榔黄叶病毒病的发病率划分为4个等级（附表17），具体调查表格见附表18，根据病害为害程度分级标准，中度为害即需要提前预防。

附表17 病害为害程度分级标准

病级	分级标准
正常	病情指数<0.1
轻度为害	0.1<病情指数<0.3
中度为害	0.3<病情指数<0.5
重度为害	0.5<病情指数<0.8
极重度为害	0.8<病情指数<1.0

附表18 槟榔隐症病毒病调查记录表

调查指标	调查树编号																				统计值
	A-1	A-2	A-3	A-4	A-5	A-6	A-7	A-8	A-9	A-10	A-11	A-12	A-13	A-14	A-15	A-16	A-17	A-18	A-19	A-20	
是否感病																					
病情级数																					
调查指标	B-1	B-2	B-3	B-4	B-5	B-6	B-7	B-8	B-9	B-10	B-11	B-12	B-13	B-14	B-15	B-16	B-17	B-18	B-19	B-20	统计值
是否感病																					
病情级数																					
调查指标	C-1	C-2	C-3	C-4	C-5	C-6	C-7	C-8	C-9	C-10	C-11	C-12	C-13	C-14	C-15	C-16	C-17	C-18	C-19	C-20	统计值
是否感病																					
病情级数																					
调查指标	D-1	D-2	D-3	D-4	D-5	D-6	D-7	D-8	D-9	D-10	D-11	D-12	D-13	D-14	D-15	D-16	D-17	D-18	D-19	D-20	统计值
是否感病																					
病情级数																					
调查指标	E-1	E-2	E-3	E-4	E-5	E-6	E-7	E-8	E-9	E-10	E-11	E-12	E-13	E-14	E-15	E-16	E-17	E-18	E-19	E-20	统计值
是否感病																					
病情级数																					

附录7 槟榔坏死环斑病毒反转录环介导恒温扩增技术检测技术规程

1 范围

本标准规定了槟榔种苗和成龄树中病毒病的检测技术规范。

本标准适用于槟榔种苗和成龄树中槟榔坏死环斑病毒（*Areca palm necrotic ringspot virus*，ANRSV）的检测。

2 规范性引用文件

下列文件对于本文件的应用是必不可少的。凡是注日期的引用文件，仅所注日期的版本适用于本文件。凡是不注日期的引用文件，其最新版本（包括所有的修改单）适用于本文件。

3 术语和定义

下列术语和定义适用于本标准。

3.1 检测样品

槟榔种苗和成龄树叶片。

4 检测对象

槟榔坏死环斑病毒（ANRSV）。

5 田间抽样

采取随机取样法进行取样，取样率为0.1%。

6 反转录聚合酶链式反应（RT-PCR）检测法

6.1 槟榔叶片总RNA提取

采用天根生化科技（北京）有限公司多糖多酚植物总RNA提取试剂盒RNAprep Pure提取RNA。

①匀浆处理：50 ~ 100 mg植物叶片或果实果肉在液氮中迅速研磨成粉末，加入500 μL裂解液SL（使用前请先检查是否已加入β-巯基乙醇），立即涡旋剧烈震荡混匀；②12 000 r/min（≈13 400 *g*）离心2 min；③将上清液转移至过滤柱CS上

（过滤柱CS放在收集管中），12 000 r/min（≈13 400 *g*）离心2 min，小心吸取收集管中的上清液至新的RNase-Free的离心管中，吸头尽量避免接触收集管中的细胞碎片沉淀；④缓慢加入0.4倍上清液体积的无水乙醇，混匀（此时可能会出现沉淀），将得到的溶液和沉淀一起转入吸附柱CR3中，12 000 r/min（≈13 400 *g*）离心15 s，倒掉收集管中的废液，将吸附柱CR3放回收集管中；⑤向吸附柱CR3中加入350 μL去蛋白液RW1，12 000 r/min（≈13 400 *g*）离心15 s，倒掉收集管中的废液，将吸附柱CR3放回收集管中；⑥DNase I工作液的配制：取10 μL DNase I储存液放入新的RNase-Free离心管中，加入70 μL RDD缓冲液，轻柔混匀；⑦向吸附柱CR3中央加入80 μL的DNase I工作液，室温放置15 min；⑧向吸附柱CR3中加入350 μL去蛋白液RW1，12 000 r/min（≈13 400 *g*）离心15 s，倒掉收集管中的废液，将吸附柱CR3放回收集管中；⑨向吸附柱CR3中加入500 μL漂洗液RW（使用前请先检查是否已加入乙醇），12 000 r/min（≈13 400 *g*）离心15 s，倒掉收集管中的废液，将吸附柱CR3放回收集管中；⑩重复步骤9；⑪12 000 r/min（≈13 400 *g*）离心2 min，将吸附柱CR3放入一个新的RNase-Free离心管中，向吸附膜的中间部位悬空滴加30 ~ 50 μL RNase-Free ddH_2O，室温放置2 min，12 000 r/min（≈13 400 *g*）离心1 min，得到RNA溶液。

6.2 RT-LAMP反应

RT-LAMP反应体系见附表19。

附表19 cDNA合成反应体系

组分	反应终浓度
10 × ThermoPol Buffer	1 × ThermoPol Buffer
甜菜碱	0.8 M
dNTP	1.4 mM
MgSO4	6.0 mM
ANRSV-FIP	1.6 μM
ANRSV-BIP	1.6 μM
ANRSV-F3	0.2 μM
ANRSV-B3	0.2 μM
M-MLV逆转录酶（TaKaRa，China）	5 U
Bst DNA聚合酶（large fragment； New England Biolabs，USA）	8 U
模板RNA	4.75 μL
最终反应体系	25 μL

6.3 引物序列

以ANRSV CP序列设计的RT-LAMP引物序列见附表20。

附表20 ANRSV RT-LAMP检测的引物序列

引物名称	长度（nt）	引物序列5′→3′
ANRSV-F3	18	AGGAACACTCACGAGGTG
ANRSV-B3	21	TCATAACTTGTTCCCTGTGAT
ANRSV-FIP	45	ACAACTGCAGTAACTTTGTGATCAA-CAATTAAAAGGGGTATCCGTC
ANRSV-BIP	42	GAGATCCTAACTCAAGCAAAGGC-ATTGCCATCCGTAAGCATT

6.4 RT-LAMP反应

63 ℃恒温反应40 min；

检测反应均需同时以侵染性克隆质粒作为阳性对照，以无病毒感染槟榔样品作为阴性对照，无菌双蒸水作为空白对照。

6.5 产物检测

所得反应产物中加入0.25 μL的10 000 × SYBR Green I并混匀，经肉眼观察：无菌双蒸水作为空白对照反应液颜色为棕色，表示结果为阴性，样品中不含ANRSV；ANRSV侵染性克隆质粒反应液颜色为绿色，表示结果为阳性，样品中含有ANRSV。

6.6 结果判定

应用本标准的检测方法对待检样品进行检测，结果判定见附表21。

附表21 ANRSV RT-LAMP检测结果判定简表

判定条件				结果判定
空白对照	阴性对照	阳性对照	检测样品	颜色反应
否	否	是	是	检测样品反应液颜色为绿色，表示结果为阳性
否	否	是	否	检测样品反应液颜色为棕色，表示结果为阴性
否	否	否	—	在检测时出现此类结果，则判定检测结果无效，重新进行RT-LAMP检测
否	是	—	—	
是	—	—	—	

附录7A

（资料性附录）

ANRSV CP部分同源性比较及RT-LAMP引物位置

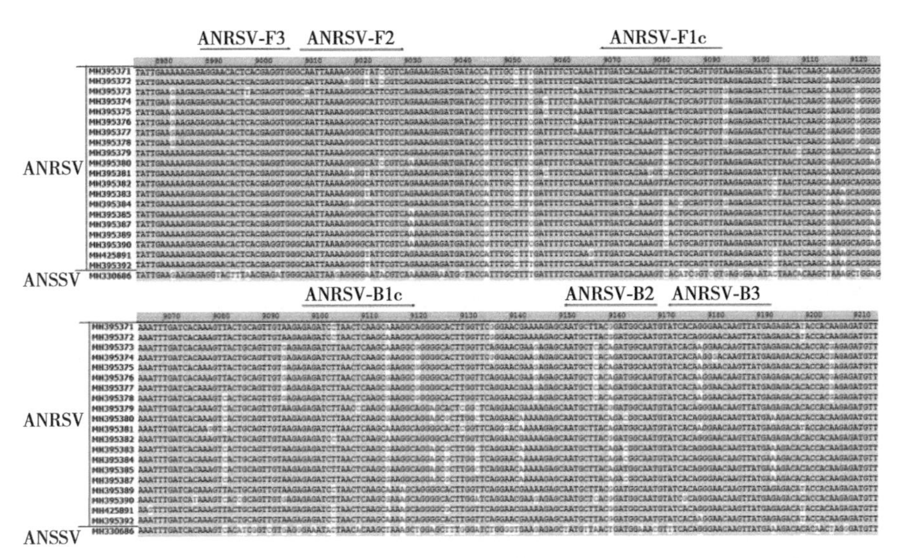

附图19　ANRSV CP部分同源性比较及RT-LAMP引物位置

附录7B

（规范性附录）

ANSSV RT-LAMP检测试剂和缓冲液配制

除非另有说明，在分析中仅使用分析纯试剂。实验室用水均为去离子水，按GB/T 6682—2008的有关规定。

检测实例

实验材料：5个海南海口槟榔病叶（已感染ANRSV）以及1株健康槟榔植株叶片作为对照。

附图20所示，所检测5个样品中均可检测出ANRSV，反应液颜色为绿色，琼脂糖凝胶电泳可跑出清晰梯度型条带。健康植株未检测到ANRSV，结果为阴性，反应液颜色为棕色，琼脂糖凝胶电泳未能跑出任何条带。

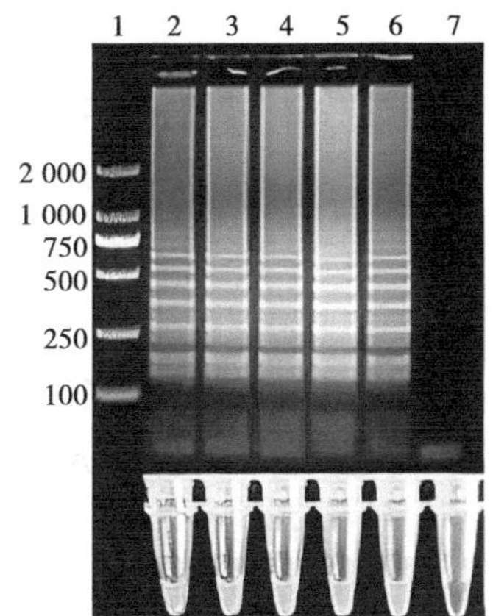

附图20　ANRSV电泳及LAMP结果

附录8　槟榔坏死梭斑病毒反转录环介导恒温扩增技术检测技术规程

1　范围

本标准规定了槟榔种苗和成龄树中病毒病的检测技术规范。

本标准适用于槟榔种苗和成龄树中槟榔坏死梭斑病毒（*Areca palm spindle-spot virus*，ANSSV）的检测。

2　规范性引用文件

下列文件对于本文件的应用是必不可少的。凡是注日期的引用文件，仅所注日期的版本适用于本文件。凡是不注日期的引用文件，其最新版本（包括所有的修改单）适用于本文件。

3　术语和定义

下列术语和定义适用于本标准。

3.1　检测样品

槟榔种苗和成龄树叶片。

4　检测对象

槟榔坏死梭斑病毒。

5　田间抽样

采取随机取样法进行取样，取样率为0.1%。

6　反转录聚合酶链式反应（RT-PCR）检测法

6.1　槟榔叶片总RNA提取

采用天根生化科技（北京）有限公司多糖多酚植物总RNA提取试剂盒RNAprep Pure提取RNA。

①匀浆处理：50～100 mg植物叶片或果实果肉在液氮中迅速研磨成粉末，加入500 μL裂解液SL（使用前请先检查是否已加入β-巯基乙醇），立即涡旋剧烈震荡混匀；②12 000 r/min（≈13 400 *g*）离心2 min；③将上清液转

移至过滤柱CS上（过滤柱CS放在收集管中），12 000 r/min（≈13 400 *g*）离心2 min，小心吸取收集管中的上清至新的RNase-Free的离心管中，吸头尽量避免接触收集管中的细胞碎片沉淀；④缓慢加入0.4倍上清液体积的无水乙醇，混匀（此时可能会出现沉淀），将得到的溶液和沉淀一起转入吸附柱CR3中，12 000 r/min（≈13 400 *g*）离心15 s，倒掉收集管中的废液，将吸附柱CR3放回收集管中；⑤向吸附柱CR3中加入350 μL去蛋白液RW1，12 000 r/min（≈13 400 *g*）离心15 s，倒掉收集管中的废液，将吸附柱CR3放回收集管中；⑥DNase I工作液的配制：取10 μL DNase I储存液放入新的RNase-Free离心管中，加入70 μL RDD缓冲液，轻柔混匀；⑦向吸附柱CR3中央加入80 μL的DNase I工作液，室温放置15 min；⑧向吸附柱CR3中加入350 μL去蛋白液RW1，12 000 r/min（≈13 400 *g*）离心15 s，倒掉收集管中的废液，将吸附柱CR3放回收集管中；⑨向吸附柱CR3中加入500 μL漂洗液RW（使用前请先检查是否已加入乙醇），12 000 r/min（≈13 400 *g*）离心15 s，倒掉收集管中的废液，将吸附柱CR3放回收集管中；⑩重复步骤9；⑪12 000 r/min（≈13 400 *g*）离心2 min，将吸附柱CR3放入一个新的RNase-Free离心管中，向吸附膜的中间部位悬空滴加30 ~ 50 μL RNase-Free ddH_2O，室温放置2 min，12 000 r/min（≈13 400 *g*）离心1 min，得到RNA溶液。

6.2 RT-LAMP反应

RT-LAMP反应体系见附表22。

附表22　cDNA合成反应体系

组分	反应终浓度
10 × ThermoPol Buffer	1 × ThermoPol Buffer
甜菜碱	8 M
dNTP	1.4 mM
MgSO4	6.0 mM
ANSSV-FIP	1.6 μM
ANSSV-BIP	1.6 μM
ANSSV-F3	0.2 μM
ANSSV-B3	0.2 μM

（续表）

组分	反应终浓度
M-MLV逆转录酶（TaKaRa，China）	5 U
Bst DNA聚合酶（large fragment； New England Biolabs，USA）	8 U
模板RNA	4.75 μL
最终反应体系	25 μL

6.3 引物序列

以ANSSV 9K序列设计的RT-LAMP引物序列见附表23。

附表23 ANSSV RT-LAMP检测的引物序列

引物名称	长度（nt）	引物序列（5′→3′）
ANSSV-F3	21	AATCAAACACTCACAAAGGAA
ANSSV-B3	19	ACAACGTGCTAATTGTTGG
ANSSV-FIP	45	TCCCTCAACTATTGCCTTTGTTATT-AGGTGATAGAATTTTGCGAG
ANSSV-BIP	44	AACAGCACTTTGGGGATTATTTTG-TATGTGTTGCACACACTGAT

6.4 RT-LAMP条件

61 ℃恒温反应40 min。

检测反应均需同时以侵染性克隆质粒作为阳性对照，以无病毒感染槟榔样品作为阴性对照，无菌双蒸水作为空白对照。

6.5 产物检测

所得反应产物中加入0.25 μL的10 000 × SYBR Green I并混匀，经肉眼观察：无菌双蒸水作为空白对照反应液颜色为棕色，表示结果为阴性，样品中不含ANSSV；ANSSV侵染性克隆质粒反应液颜色为绿色，表示结果为阳性，样品中含有ANSSV。

6.6 结果判定

应用本标准的检测方法对待检样品进行检测，结果判定见附表24。

附表24 ANSSV RT-LAMP检测结果判定简表

判定条件				结果判定
空白对照	阴性对照	阳性对照	检测样品	颜色反应
否	否	是	是	检测样品反应液颜色为绿色，表示结果为阳性
否	否	是	否	检测样品反应液颜色为棕色，表示结果为阴性
否	否	否	—	在检测时出现此类结果，则判定检测结果无效，重新进行RT-LAMP检测
否	是	—	—	
是	—	—	—	

附录8A

（资料性附录）

ANSSV　9K 部分同源性比较及RT-LAMP引物位置

```
                ANSSV-F3  ANSSV-F2  ANSSV-F1c
                5180 5190 5200 5210 5220 5230 5240 5250 5260 5270 5280 5290 5300 5310 5320
ANSSV MH330686  CTTGAATTCCAAAGCAATCAAACACTCACAAAGGAAAAGGTGATAGAATTTTGCGAGCTAGAAACAGTTGAAACTGCATCAATAACAAAGGCAATAGTTGAGGGAGATTTAAAAACAGCACTTTGGGGATTATTTTGTTTAATCTTTGCA
ANRSV MH395371  CTTGAGTTTCAATCAGAACAAGTTTTGACAAAAGAGAAAGTGGTGGAACTATGTGAACTTGAACAAGTGGAGACAGCATCCATAGCTAGAGCCATTGTCGAAGGGGATCTCAAAGTAGCTTTAGCTGGATTATTTTGTTTAACCTTTGCA

                ANSSV-B1c  ANSSV-B2  ANSSV-B3
                5260 5270 5280 5290 5300 5310 5320 5330 5340 5350 5360 5370 5380 5390 5400
ANSSV MH330686  AATAACAAAGGCAATAGTTGAGGGAGATTTAAAAACAGCACTTTGGGGATTATTTTGTTTAATCTTTGCACTTACAGCATACCTAATTTATCAGTGTGTGCAACACATACCAACAATTAGCACGTTGTTTAAGAGCGGAGTAACAAGCGA
ANRSV MH395371  CATAGCTAGAGCCATTGTCGAAGGGGATCTCAAAGTAGCTTTAGCTGGATTATTTTGTTTAACCTTTGCACTTGCGGGATTCTTAGTATACCAGTGTGTTCAAAGAATACCAAAAGTTGGTCAATGGATAAGCAGTGGTTTTGGAAAGAC
```

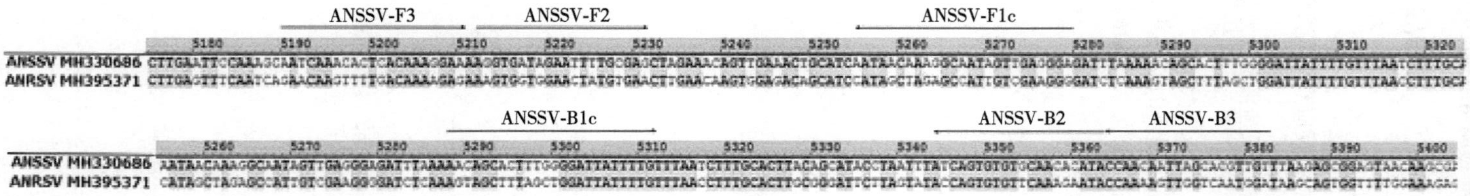

附图21　ANSSV　9K 部分同源性比较及RT-LAMP引物位置

附录8B
（规范性附录）
ANSSV RT-LAMP检测试剂和缓冲液配制

除非另有说明，在分析中仅使用分析纯试剂。实验室用水均为去离子水，按GB/T 6682—2008的有关规定。

检测实例

实验材料：5个海南海口槟榔病叶（已感染ANSSV）以及1株健康槟榔植株叶片作为对照。

附图22所示：所检测5个样品中均可检测出ANSSV，反应液颜色为绿色，琼脂糖凝胶电泳可跑出清晰梯度型条带。健康植株未检测到ANSSV，结果为阴性，反应液颜色为棕色，琼脂糖凝胶电泳未能跑出任何条带。

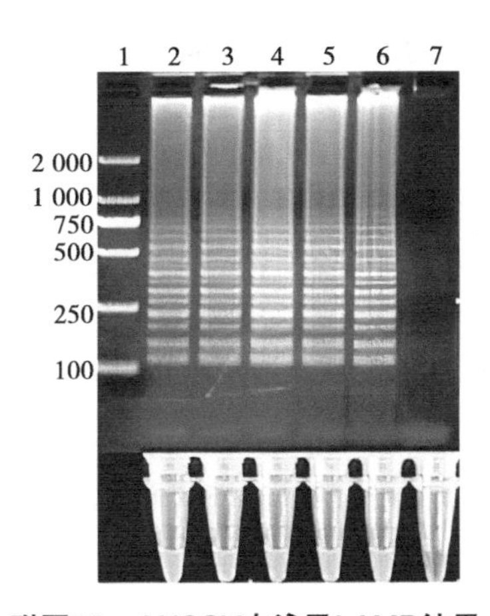

附图22　ANSSV电泳及LAMP结果

附录9　槟榔园内椰心叶甲调查监测技术规程

1　范围

本标准规定了椰心叶甲*Brontispa longissima*（Gestro）的形态识别、主要调查监测技术方法等。

本标准适用于我国槟榔*Areca catechu*种植区，还适用于椰子*Cocos nucifera*、大王棕*Roystonea regia*等其他棕榈植物上的椰心叶甲的调查与监测。

2　规范性引用文件

下列文件对于本文件的应用是必不可少的。凡是注日期的引用文件，仅注日期的版本适用于本文件。凡是不注日期的引用文件，其最新版本（包括所有的修改单）适用于本文件。

NY/T 1276—2007《农药安全使用规范》。

3　术语与定义

下列术语和定义适用于本文件。

3.1　椰心叶甲

属鞘翅目（Coleoptera）、铁甲科（Hispidae）、潜甲亚科（Anisoderinae）、隐爪族（Cryptonychini）。椰心叶甲的成虫和幼虫主要取食为害槟榔的心叶部分受害心叶伸展后变为枯黄状，呈火烧状，受害严重时会导致植株死亡。

3.2　监测

运用先进技术手段和科学调查方法，适时了解一定区域、一定时间内害虫的发生动态，包括发生时期、发生数量和为害情况等。

4　椰心叶甲的形态特征及发生特点

4.1　形态特征

成虫体扁平狭长，体长8.1～10 mm，前胸背板宽2.7～3.1 mm，鞘翅宽1.9～2.1 mm，雌虫的体型和体重明显大于雄虫。雌虫腹部第5节可见腹板为椭圆形，产卵器为不封闭的半圆形小环；雄虫为尖椭圆形，生殖器为褐色约3 mm长。椰心叶甲各虫态形态特征参见附录9A。

4.2 发生特点

椰心叶甲发生特点参见附录9B。

5 调查与监测

5.1 调查方法

5.1.1 访问调查

在乡镇和农场向槟榔种植户、农技人员或城镇居民询问是否有椰心叶甲的发生及为害程度等情况（为害症状见附录9B）。每监测点访问人数不少于10人。调查结果填入“椰心叶甲访问调查记录表”（附录9C）。

5.1.2 踏查

对访问调查中发现的可疑地区和其他有代表性的区域进行踏查，每次调查代表面积占种植面积的10%以上。如发现可疑症状时采集害虫，进行现场诊断或取样送室内鉴定。调查结果填入“椰心叶甲调查记录表”（附录9D）。

5.2 监测方法

5.2.1 监测点的选择

监测点以大面积槟榔种植区（面积大于1 hm^2）为主。

5.2.2 卵期监测

椰心叶甲成虫一般将卵产于槟榔心叶基部，采用五点取样法，每个监测点分别取东、南、西、北、中5个方向的树，各5株，记录每株寄主植物上椰心叶甲卵的数量，每个月调查一次，调查结果填入“椰心叶甲监测记录表”（附录9E）。

5.2.3 幼虫、蛹和成虫监测

选择有椰心叶甲幼虫或成虫为害状的可疑植株分布区，采用五点取样法，每个监测点分别取东、南、西、北、中5个方向的树，各5株，记录每株寄主植物上椰心叶甲幼虫和蛹的数量，每个月调查一次，调查结果填入“椰心叶甲监测记录表”（附录9E）。

附录9A
（资料性附录）
椰心叶甲形态特征

9A.1　椰心叶甲*Brontispa longissima*（Gestro），属鞘翅目（Coleoptera）、铁甲科（Hispidae）、潜甲亚科（Anisoderinae）、隐爪族（Cryptonychini），以

幼虫和成虫取食叶片为害，是棕榈科植物的重要害虫。

9A.2　卵：长筒形，两端宽圆；卵长1.5 mm，宽1.0 mm。卵壳表面有细网纹，褐色。

9A.3　幼虫：幼虫分5 ~ 7龄期，常见5龄，白色至乳白色。

9A.4　蛹：蛹体浅黄至深黄色，长约10.0 mm，宽约2.5 mm，头部具1个突起，腹部第2 ~ 7节背面具8个小刺突，分别排成2横列，第8腹节刺突仅有2个，靠近基缘。腹末具1对钳状尾突。

9A.5　成虫：成虫体扁平狭长，体长8.1 ~ 10 mm，前胸背板宽2.7 ~ 3.1 mm，鞘翅宽1.9 ~ 2.1 mm雌虫的体型和体重明显大于雄虫。

成虫头部红黑色，前胸背板黄褐色；鞘翅黑色，有些个体鞘翅基部1/4红褐色，后部黑色。触角粗线状，1 ~ 6节红黑色，7 ~ 11节黑色。前胸背板略呈方形明显宽于头部，长宽相当，均为1.8 ~ 2.1 mm。前缘向前稍突出，两侧缘中部略内凹，后缘平直。前侧角圆，向外扩展，后侧角具一小齿。具刻点，鞘翅基部平，不前弓。翅两侧基部平行，后渐宽，中后部最宽，往端部收窄，末端稍平截。鞘翅中前部具8列刻点，中后部10列，刻点整齐。足粗短，跗节第4、5节完全愈合，红黄色。腹面几近光滑，刻点细小。

附录9B
（资料性附录）

9B.1　寄主

椰心叶甲的寄主植物主要是棕榈科植物，具体见附表25。

附表25　椰心叶甲寄主范围表

中文名	拉丁学名	中文名	拉丁学名
槟榔	*Areca catechu*	老人葵	*Washingtonia filifera*
椰子	*Cocos nucifera*	海枣	*Phoenix dactylifera*
省藤	*Calamus rotang*	西谷椰子	*Metroxylon sagu*
鱼尾葵	*Caryota ochlandra*	斐济榈	*Pritchardia pacifica*
棕榈	*Trachycarpus fortunei*	董棕	*Caryota urens*
大丝葵	*Washingtonia robusta*	酒瓶椰子	*Hyophore lagenicaulis*

（续表）

中文名	拉丁学名	中文名	拉丁学名
蒲葵	*Livistona chinensis*	大王棕	*Roystonea regia*
公主棕	*Dictyosperma album*	散尾葵	*Chrysalidocarpus lutescens*
油棕	*Elaeis guineensis*	假槟榔	*Archontophoenix alexandrae*
岩海枣	*Phoenix rupicoda*	金山葵	*Arecastrum romanzoffianum*
短穗鱼尾葵	*Caryota mitis*	卡喷特木	*Carpentaria acuminata*
软叶刺葵	*Phoenix roebelenii*	短蒲葵	*Livistona muelleri*
海桃椰子	*Ptychosperma elegans*	红棕榈	*Latania lontaroides*
蒲葵	*Livistona chinensis*	刺葵	*Phoenix loureirii*
大丝葵	*Washingtonia robusta*	女王椰子	*Arecastrum romanzoffianum*

9B.2 地理分布

中国：海南、广东、广西、福建、云南等地。

国外：巴布亚新几内亚、越南、印度尼西亚、马来西亚、新加坡、柬埔寨、老挝、泰国、澳大利亚、所罗门群岛、新喀里多尼亚、萨摩亚群岛、法属波利尼西亚、新赫布里底群岛、俾斯麦群岛、社会群岛、塔西群岛、关岛、斐济群岛、瓦努阿图、瑙鲁、法属瓦利斯和富图纳群岛、马尔代夫、马达加斯加、毛里求斯和塞舌尔等。

9B.3 生物学特性

椰心叶甲成虫和幼虫为害椰子等多种棕榈科植物未展或初展心叶。被害叶表面常有破裂虫道和虫体排泄物，造成叶片坏死、植株顶冠褐色、顶枯如火烧状，叶展后呈大型褐色坏死条斑。在比较严重的情况下，椰叶皱缩、卷曲、枯萎，形成特别的“灼伤”症状，甚至大面积折落，仅留下部分叶脉架。椰心叶甲产卵首选的位置一般是叶基部，其次是叶边沿，最后选择叶中部。极少重复产卵于同一地方，一般选择间隔较远的地方产卵，一般沿叶脉呈1纵列或2列，数量1～7粒，常见1～4粒，少见5～7粒。椰心叶甲发育起点温度为11.08 ℃，有效积温为966.22日·度，在海南年发生5～6代、广东、广西年发生4～5代，世代重叠严重；成虫平均寿命120 d，产卵期4～5个月，单雌产卵量156.3粒；日均取食量250.5 mm^2/头，耐饥时长6～12 d；适温区18～28 ℃，冰点和过冷却点分别为-15.11 ℃和-17.14 ℃。

9B.4 传播途径

椰心叶甲主要靠主动扩散实现近距离传播和随调运传播实现远距离传播，成虫可飞行188 m，这是短距离传播的原因；幼虫和蛹主要是通过棕榈科植物的调运而作远距离传播扩散。

附录9C
（规范性附录）
椰心叶甲访问调查记录表

椰心叶甲访问调查记录表见附表26。

附表26 椰心叶甲访问调查记录表

<table>
<tr><td colspan="2" rowspan="4">访问调查地点</td><td colspan="4">县（市） 乡（镇） 村</td></tr>
<tr><td colspan="2">经度</td><td>纬度</td><td>海拔（米）</td></tr>
<tr><td colspan="2"></td><td></td><td></td></tr>
<tr><td colspan="3">单位（农户）名称：</td><td></td></tr>
<tr><td rowspan="5">访问调查内容</td><td colspan="2">是否有为害</td><td></td><td>寄主种类</td><td></td></tr>
<tr><td colspan="2">寄主生育期</td><td></td><td>初次发现虫害日期</td><td></td></tr>
<tr><td colspan="2">种植面积</td><td></td><td>发生面积</td><td></td></tr>
<tr><td colspan="2">为害程度（轻、中、重）</td><td></td><td>初步鉴定结论</td><td></td></tr>
<tr><td colspan="2">调查记录人</td><td></td><td>调查日期（年/月/日）</td><td></td></tr>
</table>

附录9D
（规范性附录）
椰心叶甲调查记录表

椰心叶甲调查记录表见附表27。

附表27　椰心叶甲调查记录表

<table>
<tr><td colspan="2">调查地点（乡镇/村）</td><td colspan="2"></td><td>调查日期</td><td></td></tr>
<tr><td colspan="2">代表面积</td><td colspan="2"></td><td>寄主植物</td><td></td></tr>
<tr><td rowspan="2">调查样点序号</td><td rowspan="2">调查株数</td><td colspan="4">有虫数量</td></tr>
<tr><td>成虫数</td><td>幼虫数</td><td>蛹头数</td><td>卵数</td></tr>
<tr><td></td><td></td><td></td><td></td><td></td><td></td></tr>
<tr><td></td><td></td><td></td><td></td><td></td><td></td></tr>
</table>

附录9E
（规范性附录）
椰心叶甲监测记录表

椰心叶甲监测记录表见附表28。

附表28　椰心叶甲监测记录表

<table>
<tr><td colspan="2" rowspan="4">监测地点</td><td colspan="3">县（市）　　乡（镇）　　村</td></tr>
<tr><td>经度</td><td>纬度</td><td>海拔（m）</td></tr>
<tr><td></td><td></td><td></td></tr>
<tr><td colspan="3">单位（农户）名称：</td></tr>
<tr><td rowspan="7">访问调查内容</td><td>监测方法</td><td></td><td>寄主种类</td><td></td></tr>
<tr><td>寄主生育期</td><td></td><td>寄主种苗来源</td><td></td></tr>
<tr><td>监测面积</td><td></td><td>发生面积</td><td></td></tr>
<tr><td>监测株数</td><td></td><td></td><td></td></tr>
<tr><td>有虫株数</td><td></td><td>各虫态数量</td><td>成虫：
卵：
幼虫：
蛹：</td></tr>
<tr><td>样本采集号</td><td></td><td>初步鉴定结论</td><td></td></tr>
<tr><td>调查记录人</td><td></td><td>调查日期（年/月/日）</td><td></td></tr>
</table>

（马光昌，龚治，彭正强，温海波）

附录10　槟榔园内红脉穗螟调查监测技术规程

1　范围

本标准规定了红脉穗螟*Tirathaba rufivena* Walker的形态识别、主要调查监测技术方法等。

本标准适用于我国槟榔*Areca catechu*种植区，还适用于椰子*Cocos nucifera*等其他棕榈植物上红脉穗螟的调查与监测。

2　规范性引用文件

下列文件对于本文件的应用是必不可少的。凡是注日期的引用文件，仅注日期的版本适用于本文件。凡是不注日期的引用文件，其最新版本（包括所有的修改单）适用于本文件。

NY/T 1276—2007《农药安全使用规范》。

3　术语与定义

下列术语和定义适用于本文件。

3.1　红脉穗螟

属鳞翅目（Lepidoptera）螟蛾科（Pyralidae），俗名蛀果虫、钻心虫，是槟榔进入开花结果年龄（4年生以上）后最严重的害虫。红脉穗螟主要以幼虫钻食槟榔花穗、果实和心叶。花穗受害最为严重，幼虫钻入槟榔的花苞，被害花苞多数不能展开而慢慢枯萎。已展开的花苞，幼虫把几条花穗用其所吐出的丝缀粘起来，隐藏其中，取食雄花和钻蛀雌花。幼虫可从果实果蒂附近的幼嫩组织入侵，钻食果肉，被蛀果提早变黄干枯而造成严重落果。在盛果期，幼果和中等果也容易受幼虫为害，蛀食果实内的种子和部分内果皮，受害果实内有1～2头幼虫，有时也会啃食外表皮，造成流胶或形成木栓化硬皮，影响果实品质。此外幼虫还钻食心叶，心叶生长点被取食，导致整株槟榔死亡，死亡率5%左右。

3.2　监测

运用先进技术手段和科学调查方法，适时了解一定区域、一定时间内害虫的发生动态，包括发生时期、发生数量和为害情况等。

4 红脉穗螟的形态特征及发生特点

4.1 形态特征

成虫体长13 mm左右，翅展23～25 mm，初羽化颜色鲜艳。前翅绿灰色，中脉、肘脉及臀脉和翅后缘均被有红色鳞片，使脉纹显现红色；中室区有白色纵带1条，除外缘有1列小黑点、中室端部和中部各有1大黑点外，翅面尚散生一些模糊的小黑点，以翅基和顶角较多。翅中央有1个大黑点。后翅及腹部橙黄色。雄蛾体较细小，体色较浅而鲜艳，下唇须短，翅外缘两条银白色斑纹明显可见；雌蛾体较粗大，体色较深，下唇须长，从背面明显可见。翅外缘两条银白斑纹不太明显。雌虫体长12 mm左右，翅展23～26 mm。雄虫体长11 mm左右，翅展21～25 mm。

红脉穗螟各虫态形态特征参见附录10A。

4.2 发生特点

红脉穗螟发生特点及为害症状参见附录10B。

5 调查与监测

5.1 调查方法

5.1.1 访问调查

在乡镇和农场向槟榔种植户、农技人员或城镇居民询问是否有红脉穗螟的发生及为害程度等情况（为害症状见附录10B）。每个监测点访问人数不少于10人。调查结果填入“红脉穗螟访问调查记录表”（附录10C）

5.1.2 发生程度分级标准

以槟榔发生盛期平均百株虫量（包括成虫和幼虫）或新被害株率定发生程度，分为3级，即轻度发生（1级）、中度等发生（2级）、重度发生（3级）。各级指标见附表29。

附表29 红脉穗螟发生程度分级指标

级别	二代	
	平均新被害株率（%）	平均百株虫量（头）
1	0.5～5	0.5～8
2	5.1～10	8.1～10
3	>10	>10

5.1.3 踏查

对访问调查中发现的可疑地区和其他有代表性的槟榔种植区域进行踏查，每次调查代表面积占种植面积的10%以上。如发现可疑症状时采集害虫，进行现场诊断或取样送室内鉴定。调查结果填入“红脉穗螟调查记录表”（附录10D）。

5.2 监测方法

5.2.1 监测点的选择

监测点以大面积槟榔种植区（面积大于1 hm^2）为主。

5.2.2 卵期监测

红脉穗螟成虫产卵部位因物候期不同而异。在槟榔佛焰苞未打开前，卵产于佛焰苞基部缝隙或伤口处；开花结果期，成虫产卵于花梗、苞片、花瓣内侧等缝隙、皱折处；果期，产卵于果蒂部。采用五点取样法，每个监测点分别取东、南、西、北、中5个方向的树，各5株，记录每株槟榔上红脉穗螟卵的数量，每个月调查一次，调查结果填入“红脉穗螟监测记录表”（附录10E）。

5.2.3 幼虫、蛹、茧和成虫监测

选择有红脉穗螟幼虫或成虫为害状的可疑槟榔植株分布区，采用五点取样法，每个监测点分别取东、南、西、北、中5个方向的树，各5株，记录每株槟榔上红脉穗螟幼虫、蛹、茧和成虫的数量，每月调查1次，调查结果填入“红脉穗螟监测记录表”（附录10E）。

附录10A
（资料性附录）
红脉穗螟形态特征

10A.1 卵

长0.55 ~ 0.64 mm，宽0.40 ~ 0.44 mm，椭圆形，具网状纹，初产时乳白色，1 d后呈黄色，卵孵化前呈橘黄色（附图23）。

10A.2 幼虫

老熟幼虫体长约22 mm，体圆筒形，向两端渐细，初孵化的幼虫白色透明，随着虫龄的增长体色逐渐变深而呈黑褐色，老熟时略呈淡褐色，头及前胸背板黑褐色，有光泽，臀板黑褐间黄褐色，中胸背板具有5个不规则的褐色斑点，腹部各节亚背线、背线、气门上下线处均各有1对黑褐色大毛片，其上着

生1～2根长刚毛。体背具不甚清晰的暗褐色纵走阔纹，散生刚毛，腹足趾钩双序缺环（附图24）。

10A.3 蛹

体长10～13 mm，赤褐色，背面有一条明显而颜色较深的纵脊，翅芽下端伸达第四腹节后缘，腹末有臀棘4枚。雄蛹生殖孔在第九腹节，生殖孔两侧有2个乳状突起；雌蛹生殖孔在第8腹节，两侧无乳状突。

10A.4 茧

长12～15 mm，宽3.8～6 mm，长椭圆形。

成虫体长13 mm左右，翅展23～25 mm，初羽化颜色鲜艳。前翅绿灰色，中脉、肘脉及臀脉和翅后缘均被有红色鳞片，使脉纹显现红色；中室区有白色纵带1条，除外缘有1列小黑点、中室端部和中部各有1个大黑点外，翅面尚散生一些模糊的小黑点，以翅基和顶角较多。翅中央有一个大黑点。后翅及腹部橙黄色（附图25）。雄蛾体较细小，体色较浅而鲜艳，下唇须短，翅外缘两条银白色斑纹明显可见；雌蛾体较粗大，体色较深，下唇须长，从背面明显可见。翅外缘两条银白斑纹不太明显。雌虫体长12 mm左右，翅展23～26 mm。雄虫体长11 mm左右，翅展21～25 mm。

10A.5 附图

附图23　红脉穗螟虫卵

附图24　红脉穗螟幼虫

附图25　红脉穗螟成虫

附录10B
（资料性附录）

10B.1 寄主

红脉穗螟的寄主植物主要是棕榈科植物，具体如下。

附表30 红脉穗螟寄主范围表

中文名	拉丁学名
槟榔	*Areca catechu*
椰子	*Cocos nucifera*
油棕	*Elaeis guineensis*
美丽针葵	*Phoenix roebelenii*
鳞皮金棕	*Dictyosperma album* var. *fuifuraceam*
老人葵	*Washingtonia filifera*
金山葵	*Arecastrum romanzoffianum*

10B.2 地理分布

中国：广东、海南和台湾等地。

国外：马来西亚、印度尼西亚、菲律宾、斯里兰卡、南亚、澳大利亚。

10B.3 生物学特性

成虫于18：00—21：00羽化，羽化率平均为95.2%，羽化后第2～3 d夜间交尾，少数当夜即可交尾。3：00—5：00为交尾盛时，交尾持续20～90 min，平均51 min。交尾后次日晚开始产卵，产卵期3～9 d，平均6.5 d，产卵时间多为21:00—24：00。产卵部位因物候期不同而异。在槟榔佛焰苞未打开前，卵产于佛焰苞基部缝隙或伤口处，初孵幼虫由此钻入花穗；开花结果期，成虫产卵于花梗、苞片、花瓣内侧等缝隙、皱折处；果期，产卵于果蒂部收果后还可产卵于心叶处而造成对不同部位的为害。卵多为几十粒聚产，亦有几粒产在一起者。产卵量为81～220粒，平均125粒。雌雄性比为1.25：1。以5%糖水作为补充营养，成虫寿命为4～17 d，平均12.2 d。

卵在29 ℃左右，相对湿度90%下孵化。孵化率为86.2%～98.3%，平均为92.3%。昼夜均可孵化，尤以9：00—11：00最盛。

幼虫行动敏捷，畏光。一个花苞内可多至几十头、百头幼虫集中为害。被害花苞常在未打开前就发黑腐烂。一个被害果内一般有1头幼虫，偶有2头。幼虫食尽种子和部分内果皮，被害果很易脱落。幼果和中等果受害尤重。果实长大后幼虫常啃食果皮，造成流胶或形成木栓化硬皮，影响商品质量。秋季收果后至春季开花前，幼虫还可为害心叶和邻近的羽状复叶，使心叶抽不出或枯死，严重影响植株的生长，以致造成植株秃顶或死亡。老熟幼虫在被害部位吐丝结缀虫粪作茧，1～2 d后化蛹。

室内条件下在日平均温度22～27 ℃的自然变温和相对湿度76.0%～95.3%时，红脉穗螟完成一个世代需30～43 d，其中卵期2～3 d，幼虫20～22 d，蛹10～11 d。幼虫有5龄，个别有6龄。

在海南岛栽培槟榔上全年为害，无明显的越冬和越夏阶段，一年可发生10代，世代重叠，发生很不整齐，但以花期和幼果期为害最重。红脉穗螟在田间各虫态随时可见。据观察，幼虫出现2个高峰期：第1个高峰期是6月下旬，也是槟榔第3穗花的盛花期，幼虫主要为害花穗。第2个高峰期在10月上旬，是槟榔的成果期，幼虫主要为害成果，引起严重落果。红脉穗螟调查测报的关键时期为6月下旬槟榔花穗盛花期以及10月上旬槟榔成果期。6月下旬槟榔花穗盛花期重点调查槟榔寄主上红脉穗螟的种群数量，用于预测后代槟榔红脉穗螟迁入和发生情况；10月上旬槟榔成果期主要监测红脉穗螟成虫从其他寄主田向槟榔集中迁入情况，用来指导槟榔迁入成虫防治；花穗盛发期系统监测红脉穗螟的种群消长、世代发生以及季节性寄主转移，用于槟榔红脉穗螟发生期与发生量预测。

10B.4 传播途径

红脉穗螟主要靠成虫主动扩散实现近距离传播。

10B.5 附图

附图26 红脉穗螟为害槟榔花
（王红星 提供）

附图27 红脉穗螟为害槟榔心叶
（王红星 提供）

附录10C

（规范性附录）

红脉穗螟访问调查记录表

红脉穗螟访问调查记录表见附表31。

附表31 红脉穗螟访问调查记录表

<table>
<tr><td colspan="2" rowspan="4">访问调查地点</td><td colspan="3">县（市） 乡（镇） 村</td></tr>
<tr><td>经度</td><td>纬度</td><td>海拔（m）</td></tr>
<tr><td></td><td></td><td></td></tr>
<tr><td colspan="2">单位（农户）名称：</td><td></td></tr>
<tr><td rowspan="5">访问调查内容</td><td>是否有为害</td><td></td><td>寄主种类</td><td></td></tr>
<tr><td>寄主生育期</td><td></td><td>初次发现虫害日期</td><td></td></tr>
<tr><td>种植面积</td><td></td><td>发生面积</td><td></td></tr>
<tr><td>花穗为害程度（轻、中、重）</td><td></td><td>初步鉴定结论</td><td></td></tr>
<tr><td>调查记录人</td><td></td><td>调查日期（年/月/日）</td><td></td></tr>
</table>

附录10D
（规范性附录）
红脉穗螟调查记录表

红脉穗螟调查记录表见附表32。

附表32　红脉穗螟调查记录表

调查地点（乡镇/村）					调查日期	
代表面积					寄主植物	
调查样点序号	调查株数	有虫数量				
		成虫数	幼虫数	蛹头数	卵数	茧数

附录10E
（规范性附录）
红脉穗螟监测记录表

红脉穗螟监测记录表见附表33。

附表33　红脉穗螟监测记录表

<table>
<tr><td colspan="2" rowspan="4">监测地点</td><td colspan="3">县（市）　乡（镇）　村</td></tr>
<tr><td>经度</td><td>纬度</td><td>海拔（m）</td></tr>
<tr><td></td><td></td><td></td></tr>
<tr><td colspan="2">单位（农户）名称：</td><td></td></tr>
<tr><td rowspan="6">访问调查内容</td><td>监测方法</td><td></td><td>寄主种类</td><td></td></tr>
<tr><td>寄主生育期</td><td></td><td>监测株数</td><td></td></tr>
<tr><td>监测面积</td><td></td><td>发生面积</td><td></td></tr>
<tr><td>有虫株数</td><td></td><td>各虫态数量</td><td>成虫：
卵：
幼虫：
蛹：
茧：</td></tr>
<tr><td>样本采集号</td><td></td><td>初步鉴定结论</td><td></td></tr>
<tr><td>调查记录人</td><td></td><td>调查日期（年/月/日）</td><td></td></tr>
</table>

（黄惜、王洪星）

附录11 槟榔苗圃标准化管理和健康种苗育苗规程

1 范围

本标准规定了槟榔（*Areca catechu* L.）种苗在繁育过程中采种、苗圃地选择与建设、育苗、苗期管理、出圃、种苗质量等技术要求。本标准适用于槟榔种苗的生产和健康种苗鉴定。

2 规范性引用文件

下列文件对于本文件的应用是必不可少的。凡是注日期的引用文件，仅所注日期的版本适用于本文件。凡是不注日期的引用文件，其最新版本（包括所有的修改单）适用于本文件。

DB 46/T 386—2016《槟榔育苗技术规程》。

DB 46/T 115—2008《槟榔种果和种苗》。

3 术语和定义

3.1 槟榔黄化病

见本书第一章第一节植原体引起的槟榔叶片黄化病症。

3.2 槟榔隐症病毒病

见本书第一章第二节ALYV1（APV1）病毒引起的槟榔黄化症状。

3.3 其他术语参见地方性标准

DB 46/T 386—2016《槟榔育苗技术规程》。

DB46/T 115—2008《槟榔种果和种苗》。

4 采种

4.1 采种母树选择

采种区可以是专门的种质资源圃，也可以是健康的，处于盛产期的槟榔园。采种区无“黄化病”感病植株，且距离“黄化病”传播源至少有2 km以上。选择健康、饱满、无病虫害的15～20年优良植株为采种母树。品种为海南本地长果形成椭圆形，采种前3个月，每月对叶片、果实、根进行“黄化病”原检测，确定不带病，可做为采种园。

4.2 黄化病检测

分别根据附录1和附录5提供的规程检测槟榔黄化病和槟榔黄叶病毒病病原。

4.3 采种时间

在果实成熟季节，即每年4—5月，分期分批采收成熟果实，其特征果皮呈橙黄色、个头饱满、无病虫害、无裂纹。

4.4 采种方法

用采剪刀进行采取槟榔果穗，用小剪刀把槟榔果取下，留果蒂。

4.5 种子清洗、晾干、筛选

把采摘后的新鲜果种清洗干净，置于带有底漏篮框中。把洗干净果种铺开，在阴凉处晾干。人工选取果皮橙黄色或黄色、个粒饱满、无病虫害、表皮无裂纹作为种果。

4.6 储藏

槟榔随采随用，常温、阴凉、通风地方能保存7 d；低温4 ℃时，能保存20 d。

5 苗圃地选择和建设

5.1 苗圃地选择

选择排灌方便，土壤肥沃，带有黏土与沙土的土壤；地势平坦、通风和充足阳光，且距离黄化病传播源至少有5 km以上。

5.2 苗圃建设

5.2.1 整地

清除苗圃内杂草，整平，苗圃周围挖沟排水。

5.2.2 土壤消毒

地整理好后，做畦后用福尔马林溶液喷洒，对土壤和周围进行消毒，晾晒3 ~ 4 d。

5.2.3 苗床规划分区

苗床分为催芽床规格宽2 m，长根据地形而定。容器袋育苗床规格宽3 m，长根据地形而定。

5.2.4 配套设施

苗圃应配套有可进行物理隔离的种子层积和发芽区，种苗隔离区，炼苗区和出厂区。根据地形，用钢材搭建长方形遮阴棚，遮光度50%，作为催芽床和育苗床区。苗圃选用河沙做底面，对河沙消毒，40%多菌灵可湿性粉剂800倍液，每1 L搅拌200 kg河沙。置备喷灌系统。

5.2.5 大棚

苗圃用水泥柱式钢管搭建大棚，大棚面积根据实际情况而定，棚高2.5 m，用40 ~ 60目的防虫网包围、盖顶。

6 育苗

6.1 种子处理

用40%多菌灵可湿性粉剂800倍液浸果2 h，洗清干净，铺开晾干。用小型铡刀在果蒂部分横切，不要损坏种子。

6.2 种子催芽

在苗圃平地铺一层5 cm的河沙，点播消毒后的种子，再铺一层5 cm的河沙，然后盖一层薄草，或用透气的遮阳网覆盖。催芽期间保持芽床湿润或直接将切顶的果实填到育苗袋中，入土2 cm，直接催芽。

6.3 装袋与培苗

6.3.1 育苗袋（小苗）

营养袋宽 × 高规格为10 cm × 15 cm，袋下部带4 ~ 6个圆孔，孔径0.5 cm。中大苗育苗袋大小为15 cm × 20 cm。

6.3.2 营养土配制

营养土为腐熟的有机肥和壤土比例1：3混合土。每100 kg营养土用600 mL 40%多菌灵可湿性粉剂800倍液搅拌。

6.3.3 装袋

将消毒后的营养土装2/3袋后，把芽苗移进袋内，继续填营养土至盖过种子，压实营养土。整齐摆 放在育苗床区，每12株为1畦，2畦间留人行道，以便淋水、施肥和管理。

6.3.4 移苗方法

用小铲在装好营养土挖一个略大于槟榔种果的穴，把芽种移进去，埋土，露出芽点。

7 苗期管理

7.1 查苗、补苗

15 d内每天检查种苗成活情况，将未成活的种苗连袋移除，重新补上。

7.2 水份管理

幼苗移植入营养袋之后，应立即淋定根水，保持苗床湿润。

7.3 除草

幼苗期，人工除草。

7.4 施肥

苗龄5个月后，根据幼苗长势，喷施0.2%复合肥稀释溶液，间隔30 d喷施1次，施肥后及时用喷雾器将少量清水喷洗幼苗。

7.5 主要病虫害防治

7.5.1 防治原则

遵循预防为主，综合防治的原则。农药的使用应符合GB 4285的要求。

7.5.2 炭疽病

加强园地管理，搞好园地卫生，清除病死植株和叶片。用65%代森锌可湿性粉剂600倍液喷施。

7.5.3 枯萎病

加强苗圃管理，排积水，清除死苗，喷施75%百菌清可湿性粉剂800倍液。

7.5.4 介壳虫

清除杂草，减少虫源。

7.5.5 蟋蟀

人工除害。

7.5.6 蚂蚁

用90%以上敌百虫原粉500～1 000倍液喷雾。

7.5.7 蜗牛

主要清除旁边杂草，减少依附地。

8 出圃

8.1 种苗要求

出圃种苗应达到槟榔苗高达25 cm以上，直径1.5 cm以上（离地5 cm处）

苗木健壮，没有明显病虫害。

8.2 黄化病检测

根据附录1与附录5的规程，进行黄化病与隐症病毒病病原检测确定不带病原。

附录11A
（资料性附录）
槟榔种源来源入圃记录表

附表34 槟榔种源检测记录

种苗来源地				取样时间	
种子总质量（kg）		种子总个数		入厂时间	
		送检日期		送检人	
外观描述	检验人签名：				
槟榔黄化植原体检测	□阳性 □阴性	检验人签名：			
槟榔病毒性黄化检测	□阳性 □阴性	检验人签名：			
备注					
检测人（签名）： 审核人（签名）： 检测单位盖章： 年 月 日					
注：本单一式两联，第一联送检测单位存档，第二联送检测单位存档。					

（万迎朗、刘立云、李佳）

附录12 植原体分类系统

植原体（Phytoplasma）是一类专性寄生在植物体内的韧皮部的可通过叶蝉、木虱、飞虱等具刺吸式口器的昆虫传播、也可通过嫁接或菟丝子传播的重要的植物病原细菌。植原体的分类鉴定主要依据其16S rRNA、*rp*、*secY*等保守基因序列和基因组差异，以及传播介体、天然植物寄主。在1992年召开的第9届国际支原体大会（the 9th Congress of the International Organization of Mycoplasmology）上，比较支原体国际研究项目植原体工作组（the Phytoplasma Working Team of the International Research Project for Comparative Mycoplasmology，IRPCM）首次提议用“植原体”（phytoplasma）这个名字来代替“类菌原体”（mycoplasma-like organisms）。2004年IRPCM对已发表的15个植原体暂定种进行了归类总结，提出“植原体暂定属”［‘*Candidatus*（*Ca.*）Phytoplasma’］这个分类单元，并对植原体暂定属的特征进行了描述。至此，植原体这种微生物的系统进化和分类地位被正式确立。植原体暂定属内的分类单元有种、组（group）和亚组（subgroup）。为了更好地阐明植原体暂定属内各种间的进化关系，Lee等最早于1993年根据16S rRNA基因序列的限制性片段长度多态性（restriction fragment length polymorphism，RFLP），在植原体暂定属内定义了组和亚组的概念，并得到了广泛的应用。截至2019年6月，植原体已鉴定划分为52个暂定种、34个组和100多个亚组（附表35）。

附表35　已正式命名的植原体暂定种和组

组	种
16SrI：翠菊黄化植原体组（Aster yellows group）	*Ca.* P. asteris *Ca.* P. lycopersici
16SrⅡ：花生丛枝植原体组（Peanut witches’-broom group）	*Ca.* P. aurantifolia *Ca.* P. australasiae
16SrⅢ：X病植原体组（X-disease group）	*Ca.* P. pruni
16SrⅣ：椰子致死黄化植原体组（Coconut lethal yellows group）	*Ca.* P. palmae *Ca.* P. cocostanzaniae

（续表）

组	种
16SrⅤ：榆树黄化植原体组（Elm yellows group）	*Ca.* P. ulmi *Ca.* P. ziziphi *Ca.* P. rubi *Ca.* P. balanitae *Ca.* P. vitis
16SrⅥ：苜蓿增生植原体组（Clover proliferation group）	*Ca.* P. trifolii *Ca.* P. sudamericanum
16SrⅦ：白蜡树黄化植原体组（Ash yellows group）	*Ca.* P. fraxini
16SrⅧ：丝瓜丛枝植原体组（Loofah witches'-broom group）	*Ca.* P. luffae
16SrⅨ：木豆丛枝植原体组（Pigeon pea witches'-broom group）	*Ca.* P. phoenicium
16SrⅩ：苹果增生植原体组（Apple proliferation group）	*Ca.* P. mali *Ca.* P. pyri *Ca.* P. prunorum *Ca.* P. spartii
16SrXI：水稻黄矮植原体组（Rice yellow dwarf group）	*Ca.* P. oryzae *Ca.* P. cirsii
16SrXII：僵化植原体组（Stolbur group）	*Ca.* P. australiense *Ca.* P. japonicum *Ca.* P. fragariae *Ca.* P. solani *Ca.* P. convolvuli
16SrXIII：墨西哥长春花绿化植原体组（Mexican periwinkle virescence group）	*Ca.* P. hispanicum *Ca.* P. meliae
16SrXIV：百慕大草白叶植原体组（Bermudagrass white leaf group）	*Ca.* P. cynodontis
16SrXV：木槿丛枝植原体组（Hibiscus witches'-broom group）	*Ca.* P. brasiliense
16SrXVI：甘蔗黄叶症植原体组（Sugarcane yellow leaf syndrome group）	*Ca.* P. graminis
16SrXVII：木瓜束顶植原体组（Papaya bunchy top group）	*Ca.* P. caricae
16SrXVIII：美国马铃薯紫顶枯萎植原体组（American potato purple top wilt group）	*Ca.* P. americanum

（续表）

组	种
16SrXIX：日本板栗丛枝植原体组（Japanese chestnut witches'-broom group）	*Ca*. P. castaneae
16SrXX：鼠李丛枝植原体组（Buckthorn witches'-broom group）	*Ca*. P. rhamni
16SrXXI：松树芽增生植原体组（Pine shoot proliferation group）	*Ca*. P. pini
16SrXXII：尼日利亚椰子致死衰退植原体组[Nigerian coconut lethal decline（LDN）group]	*Ca*. P. palmicola
16SrXXIII：巴克兰山谷葡萄黄化植原体组（Buckland Valley grapevine yellows group）	Buckland valley grapevine yellows phytoplasma AY083605
16SrXXIV：高粱束芽植原体组（Sorghum bunchy shoot group）	Sorghum bunchy shoot phytoplasma AF509322
16SrXXV：垂枝茶树丛枝植原体组（Weeping tea tree witches'-broom group）Weeping tea witches'-broom	phytoplasma AF521672
16SrXXVI：毛里求斯甘蔗黄化D3T1植原体组（Mauritius sugarcane yellows D3T1 group）	Sugarcane phytoplasma D3T1 AJ539179
16SrXXVII：毛里求斯甘蔗黄化 D3T2 植原体组（Mauritius sugarcane yellows D3T2 group）	Sugarcane phytoplasma D3T2 AJ539180
16SrXXVIII：哈瓦那德比植原体组（Havana derbid phytoplasma group）	Derbid phytoplasma AY744945
16SrXXIX：决明丛枝植原体组（Cassia witches'-broom group）	*Ca*. P. omanense
16SrXXX：盐雪松植原体组（Salt cedar witches'-broom group）	*Ca*. P. tamaricis
16SrXXXI：黄豆矮小植原体组（Soybean stunt phytoplasma group）	*Ca*. P. costaricanum
16SrXXXII：马来西亚长春花绿化植原体组（Malaysian periwinkle virescence phytoplasma group）	*Ca*. P. malaysianum
16SrXXXIII：异木麻黄植原体组（Allocasuarina phytoplasma group）	*Ca*. P. allocasuarinae
16SrXXXVI：狐尾椰子植原体组（Foxtail yellow decline phytoplasma group）	*Ca*. P. wodyetiae

注：引自杨毅等，2020。

参考文献

李增平，罗大全，2007. 槟榔病虫害田间诊断图谱[M]. 北京：中国农业出版社：28-31.

李增平，郑服丛，2015. 热带作物病理学[M]. 北京：中国农业出版社：162-163.

覃伟权，唐庆华，2015. 槟榔黄化病[M]. 北京：中国农业出版社：1-3.

覃伟权，朱辉，2011. 棕榈科植物病虫害的鉴定及防治[M]. 北京：中国农业出版社：39-43.

杨毅，姜蕾，李世访，2020. 植原体分类鉴定研究进展[J]. 植物检疫，34（5）：13-20.

AROCHA Y，ANTESANA O，MONTELLANO E，et al.，2007. '*Candidatus* Phytoplasma lycopersici'，a phytoplasma associated with 'hoja de perejil' disease in Bolivia[J]. International Journal of Systematic and Evolutionary Microbiology，57（8）：1704-1710.

AROCHA Y，LOPEZ M，PINOL B，et al.，2005. '*Candidatus* Phytoplasma graminis' and '*Candidatus* Phytoplasma caricae'，two novel phytoplasmas associated with diseases of sugarcane，weeds and papaya in Cuba[J]. International Journal of Systematic and Evolutionary Microbiology，55（6）：2451-2463.

BALASIMHA D，RAJAGOPAL V，2004. Arecanut[M]. Mangalore：Karavali Colour Cartons Ltd.

DAVIS R E，DALLY E L，GUNDERSEN D E，et al.，1997. '*Candidatus* Phytoplasma australiense' a new phytoplasma taxon associated with Australian grapevine yellows[J]. International Journal of Systematic Bacteriology，47（2）：262-269.

DAVIS R E，HARRISON N A，ZHAO Y，et al.，2016. '*Candidatus* Phytoplasma hispanicum'，a novel taxon associated with Mexican periwinkle virescence disease of *Catharanthus roseus*[J]. International Journal of Systematic and Evolutionary Microbiology，66（3）：3463-3467.

DAVIS R E，ZHAO Y，DALLY E L，et al.，2012. '*Candidatus* Phytoplasma sudamericanum'，a novel taxon，and strain PassWB-Br4，a new subgroup 16SrIII-V phytoplasma，from diseased passion fruit（*Passiflora edulis* f. *flavicarpa* Deg.）[J]. International Journal of Systematic and Evolutionary Microbiology，62

（4）：984-989.

FERNANDEZ F D，GALDEANO E，KORNOWSKI M V，et al.，2016. Description of '*Candidatus* Phytoplasma meliae'，a phytoplasma associated with Chinaberry（*Melia azedarach* L.）yellowing in South America[J]. International Journal of Systematic and Evolutionary Microbiology，66（12）：5244-5251.

FIRRAO G，ANDERSEN M，BERTACCINI A，et al.，2004. '*Candidatus* Phytoplasma'，a taxon for the wall-less，non-helical prokaryotes that colonize plant phloem and insects[J]. International Journal of Systematic and Evolutionary Microbiology，54（4）：1243-1255.

GRIFFITHS H M，SINCLAIR W A，SMART C D，et al.，1999. The phytoplasma associated with ash yellows and lilac witches'-broom：'*Candidatus* Phytoplasma fraxini'[J]. International Journal of Systematic Bacteriology，49（4）：1605-1614.

HIRUKI C，WANG K，2004. Clover proliferation phytoplasma：'*Candidatus* Phytoplasma trifolii'[J]. International Journal of Systematic and Evolutionary Microbiology，54（4）：1349-1353.

JUNG H Y，SAWAYANAGI T，KAKIZAWA S，et al.，2002. '*Candidatus* Phytoplasma castaneae'，a novel phytoplasma taxon associated with chestnut witches' broom disease[J]. International Journal of Systematic and Evolutionary Microbiology，52（5）：1543-1549.

JUNG H Y，SAWAYANAGI T，KAKIZAWA S，et al.，2003. '*Candidatus* Phytoplasma ziziphi'，a novel phytoplasma taxon associated with jujube witches'-broom disease[J]. International Journal of Systematic and Evolutionary Microbiology，53（4）：1037-1041.

JUNG H Y，SAWAYANAGI T，WONGKAEW P，et al.，2003. '*Candidatus* Phytoplasma oryzae'，a novel phytoplasma taxon associated with rice yellow dwarf disease[J]. International Journal of Systematic and Evolutionary Microbiology，53（6）：1925-1929.

LEE I M，BOTTNER K D，SECOR G，et al.，2006. '*Candidatus* Phytoplasma americanum' a phytoplasma associated with a potato purple top wilt disease complex[J]. International Journal of Systematic and Evolutionary Microbiology，56（7）：1593-1597.

LEE I M，GUNDERSEN-RINDAL D E，DAVIS R E，et al.，2004. '*Candidatus* Phytoplasma asteris'，a novel phytoplasma taxon associated with aster yellows and related diseases[J]. International Journal of Systematic and Evolutionary Microbiology, 54（4）: 1037-1048.

LEE I M, HAMMOND R W, DAVIS R E, et al., 1993. Universal amplification and analysis of pathogen 16S rDNA for classification and identification of mycoplasmalike organisms[J]. Phytopathology, 83（8）: 834-842.

LEE I M, MARTINI M, MARCONE C, et al., 2004. Classification of phytoplasma strains in the elm yellows group（16SrV）and proposal of '*Candidatus* Phytoplasma ulmi' for the phytoplasma associated with elm yellows[J]. International Journal of Systematic and Evolutionary Microbiology, 54（2）: 337-347.

MALEMBIC-MAHER S, SALAR P, FILIPPIN L, et al., 2011. Genetic diversity of European phytoplasmas of the 16SrV taxonomic group and proposal of '*Candidatus* Phytoplasma rubi' [J]. International Journal of Systematic and Evolutionary Microbiology, 61（9）: 2129-2134.

MARCONE C, GIBB K S, STRETEN C, et al., 2004. '*Candidatus* Phytoplasma spartii', '*Candidatus* Phytoplasma rhamni' and '*Candidatus* Phytoplasma allocasuarinae', respectively associated with spartium witches'-broom, buckthorn witches'-broom and allocasuarina yellows diseases[J]. International Journal of Systematic and Evolutionary Microbiology, 54（4）: 1025-1029.

MARCONE C, SCHNEIDER B, SEEMULLER E., 2004. '*Candidatus* Phytoplasma cynodontis', the phytoplasma associated with Bermuda grass white leaf disease[J]. International Journal of Systematic and Evolutionary Microbiology, 54（4）: 1077-1082.

MARTINI M, MARCONE C, MITROVIC J, et al., 2012. '*Candidatus* Phytoplasma convolvuli', a new phytoplasma taxon associated with bindweed yellows in four European countries[J]. International Journal of Systematic and Evolutionary Microbiology, 62（12）: 2910-2915.

MONTANO H G, DAVIS R E, DALLY E L, et al., 2001. '*Candidatus* Phytoplasma brasiliense', a new phytoplasma taxon associated with hibiscus witches' broom disease[J]. International Journal of Systematic and Evolutionary Microbiology, 51（3）: 1109-1118.

SAFAROVA D, ZEMANEK T, VALOVA P, et al., 2016. '*Candidatus* Phytoplasma cirsii', a novel taxon from creeping thistle *Cirsium arvense*（L.）Scop. [J]. International Journal of Systematic and Evolutionary Microbiology, 66（4）: 1745-1753.

SAWAYANAGI T，HORIKOSHI N，KANEHIRA T，et al.，1999. '*Candidatus* Phytoplasma japonicum'，a new phytoplasma taxon associated with Japanese Hydrangea phyllody[J]. International Journal of Systematic Bacteriology，49（3）：1275-1285.

SCHNEIDER B，TORRES E，MARTIN M P，et al.，2005. '*Candidatus* Phytoplasma pini'，a novel taxon from *Pinus silvestris* and *Pinus halepensis*[J]. International Journal of Systematic and Evolutionary Microbiology，55（1）：303-307.

SEEMULLER E，SCHNEIDER B，2004. '*Candidatus* Phytoplasma mali'，'*Candidatus* Phytoplasma pyri' and '*Candidatus* phytoplasma prunorum'，the causal agents of apple proliferation，pear decline and European stone fruit yellows，respectively[J]. International Journal of Systematic and Evolutionary Microbiology，54（4）：1217-1226.

VALIUNAS D，STANIULIS J，DAVIS R E，2006. '*Candidatus* Phytoplasma fragariae'，a novel phytoplasma taxon discovered in yellows diseased strawberry，*Fragaria* × *ananassa*[J]. International Journal of Systematic and Evolutionary Microbiology，56（1）：277-281.

VERDIN E，SALAR P，DANET J L，et al.，2003. '*Candidatus* Phytoplasma phoenicium' sp nov.，a novel phytoplasma associated with an emerging lethal disease of almond trees in Lebanon and Iran[J]. International Journal of Systematic and Evolutionary Microbiology，53（3）：833-838.

WHITE D T，BLACKALL L L，SCOTT P T，et al.，1998. Phylogenetic positions of phytoplasmas associated with dieback，yellow crinkle and mosaic diseases of papaya，and their proposed inclusion in '*Candidatus* Phytoplasma australiense' and a new taxon，'*Candidatus* Phytoplasma australasia' [J]. International Journal of Systematic Bacteriology，48（3）：941-951.

WIN N K K，LEE S Y，BERTACCINI A，et al.，2013. '*Candidatus* Phytoplasma balanitae' associated with witches' broom disease of *Balanites triflora*[J]. International Journal of Systematic and Evolutionary Microbiology，63（2）：636-640.

ZREIK L，CARLE P，BOVE J M，et al.，1995. Characterization of the mycoplasmalike organism associated with witches' broom disease of lime and proposition of a *Candidatus* taxon for the organism，*Candidatus* Phytoplasma aurantifolia[J]. International Journal of Systematic Bacteriology，45（3）：449-453.

致谢

本书的编写主要是在海南省重大科技计划项目（ZDKJ201817）的支撑下完成，在项目前期策划槟榔产业可持续发展研讨会、项目执行技术论证及执行、《槟榔黄化病防控明白纸》发布会等过程中得到了西北农林科技大学康振生院士、福建农林大学谢联辉院士、贵州大学宋宝安院士、云南农业大学朱有勇院士、浙江省农业科学院陈剑平院士、中国农业科学院植物保护研究所万方浩研究员和李世访研究员、重庆大学王中康教授、西北农林科技大学王晓杰教授和吴云锋教授、福建农林科技大学吴祖建教授、吴建仁教授、海南大学缪卫国教授、中国林业科学研究院森林生态环境与保护研究所林彩丽副研究员等专家学者的鼓励、支持和帮助，万宁市槟榔和热作产业局符之学、三亚市热带作物技术推广服务中心周文忠等同志也为本项目的执行提供了无私支持和帮助，琼中黎族苗族自治县农业技术研究推广中心陈仁强等同志也热心地提供了部分病害照片，还有其他一些同志同样提供了无私帮助，在此一并表示衷心感谢。

唐庆华　宋薇薇　黄　惜　万迎朗

2021年3月20日